# Node-RED（ノード・レッド）

[ver.1.3.0 対応版]

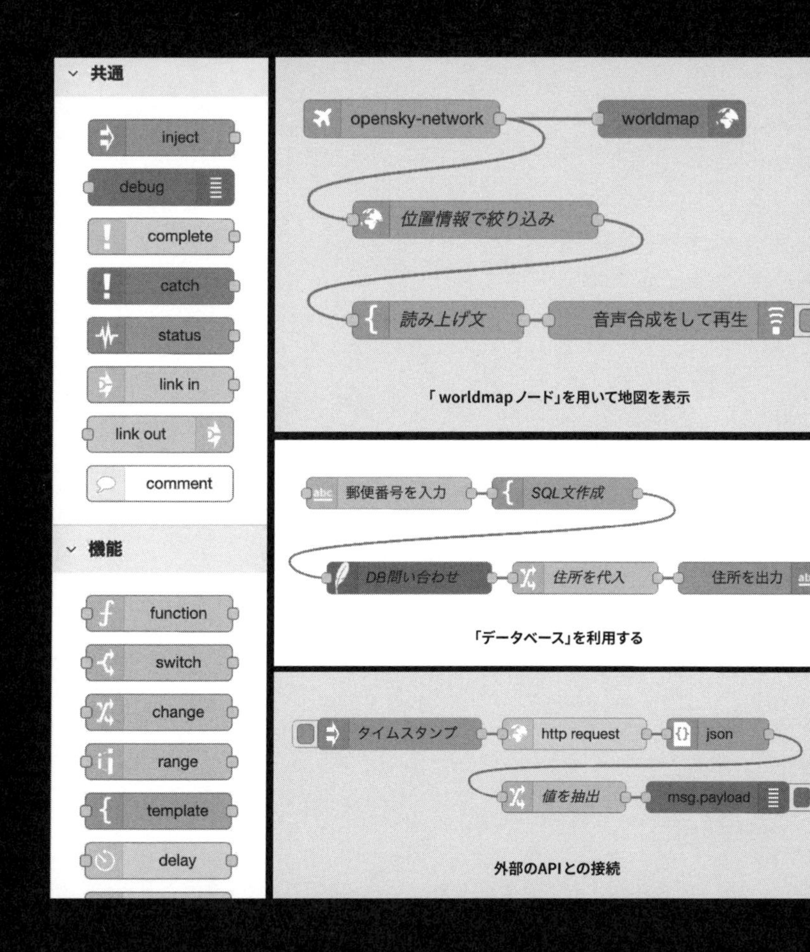


「worldmapノード」を用いて地図を表示

「データベース」を利用する

外部のAPIとの接続

# はじめに

「Node-RED」は、「ハード」や「API」「オンライン・サービス」を接続するためのツールです。

もともとはIBM社が開発したもので、2014年5月に正式に発表され、オープンソースとしてリリースされました。

＊

「Node-RED」は、「Node.js」上に構築されたWebアプリケーションであることから、データフローはじめとしたプログラミング処理を、分かりやすい「GUI」で構築できます。

また、「Webサーバ」としても動作するので、構築した処理を利用するためのAPIを外部に提供することも可能です。

＊

「Node-RED」は、上記のようにありとあらゆるものをつなぎ、その過程における泥臭いデータ処理も手軽にこなしてしまえるため、非常に高いポテンシャルをもっています。

ただ、汎用性が高いため、何か“定石”や“手本”となるものがないと、習得が難しいと感じることもあります。

そこで本書では、「Node-RED」を利用する上で必要になる基本的な操作をはじめ、実例による活用方法などについて、具体的に学んでいけるように解説しました。

本書の内容で応用力を身につければ、「Node-RED」をさまざまな領域に活用できるようになるでしょう。

**[ver.1.3.0 対応版にあたって]**

本書は、最新環境への対応に加えて、「IBM Cloud」「Azure」「API接続」など、今までのコンテンツを一部刷新しています。

Node-RED ユーザーグループ ジャパン

# はじめての Node-RED

## [ver.1.3.0 対応版]

CONTENTS

## 「サンプル・ファイル」のダウンロード

本書の**「サンプル・ファイル」**は、工学社ホームページのサポートコーナーからダウンロードできます。

**<工学社ホームページ>**

http://www.kohgakusha.co.jp/

ダウンロードしたファイルを解凍するには、下記のパスワードを入力してください。

**kusBA3FN**

すべて「半角」で、「大文字」「小文字」を間違えないように入力してください。

# 第1章

# 「Node-RED」とは

この章では、「Node-RED」(ノード・レッド)の概要に触れます。

「Node-RED」が何のために誕生し、どのように発展していったか。そして「Node-RED」が、今後どのような方向性でユーザーに受け入れられていくかを確認します。

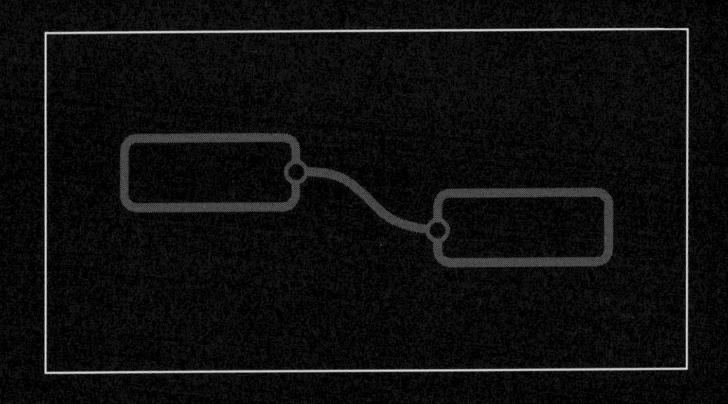

## 1.1 「Node-RED」の歴史

### ■誕生は2013年

「Node-RED」(ノード・レッド)は、「ハード」「API」「オンライン・サービス」などを組み合わせて使う際に、それらを簡単につなぐことができるツールです。

分かりやすいGUIが特徴で、データフローをはじめとしたプログラミング処理や、Webアプリケーションを構築できます。

「ハード」と「API」、「API」と「オンライン・サービス」のように別のものをつなぐのはもちろん、たとえば「ハード」同士、「オンライン・サービス」同士をつなぐことも可能です。

また、「Webサーバ」としても動作するので、構築した処理を利用するためのAPIを、外部に提供することもできます。

*

「Node-RED」は、IBM社の「英国ハーズリー研究所」のメンバーを中心に2013年に開発され、同年の社内ハッカソンで1位を獲得しました。

図1-1-1 英国ハーズリー研究所
http://s0.geograph.org.uk/photos/96/79/967947_5689b60d.jpg

これを受けて同年、Github 上に「オープンソース・ソフト」として最初の公開が行なわれ、2014 年 5 月に行なわれたカンファレンスのイベント「QCon London Conference」で、正式に発表されました。

### ●当初は、「MQTT メッセージ」を可視化するだけだった

「Node-RED」のメイン開発者である「ニック・オレアリー」と「デイブ・コンウェイ・ジョーンズ」は、「MQTT メッセージ」のマッピングを可視化する簡単なツールを作っていました。

その後、同じ画面上で処理の変更ができるように、改良を加えていきます。

このツールは、「シリアル通信」で取得した GPS データを「MQTT」で送信するプロジェクトで数ヶ月間、実際に利用したところ、高い評価を得ました。

### ●ストリームデータに対する、「リアクティブな処理」の定義に長けている

これは、いつ発生するか分からない、もしくは絶え間なく発生し続けるストリームデータに反応する、「リアクティブな処理」※ を定義するのに適しているということです。

※「データの流れ」と「データの値の変化」の伝播に反応して行なう処理。

「リアクティブな処理」のソースコードは、難解になりがちです。

しかし、「Node-RED」は、ビジュアル的に分かりやすく、扱いやすいため、優れた体験を生んだと思います。

「Node-RED」は、これらの特徴によりさまざまな場面で使われ、現在では「IoT」のみならず、「RPA」や「ブロックチェーン」の分野でも用いられています。

また、こういった「ビジュアルプログラミングスタイル」は、「ノーコード・ローコード開発」の文脈でも注目を浴びています。

## ■ Node-RED コミュニティの発展

「Node-RED」の知名度がどのように向上したか、参考として Google トレンドを見てみましょう。

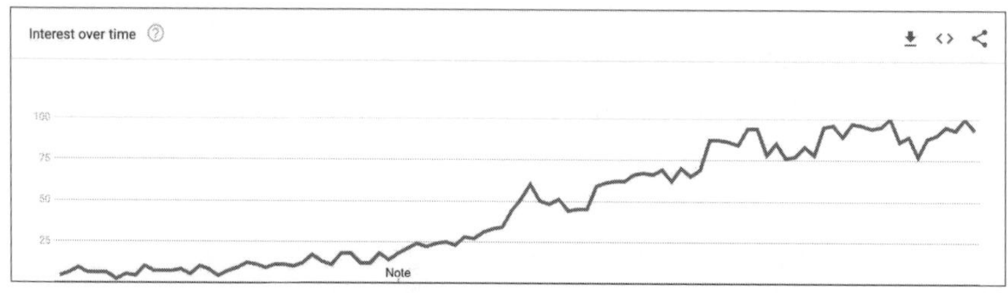


図 1-1-2 「Node-RED」で Google トレンド検索した結果

2017 年くらいまで検索数が緩やかに向上し、2018 年頃から一定しています。その頃から技術者界隈での「Node-RED」の知名度は安定したようです。

### ●公開された「ノード」と「フロー」の推移

「ノード」とは「Node-RED」を拡張させるモジュールのことで、「フロー」はモジュールを組み合わせて作成した処理の実体（プログラム）を指します。

「ノード」と「フロー」の公開数は、5 年で 20 倍に膨らんでいるところを見ると、開発者も順調に増えていると思われます。

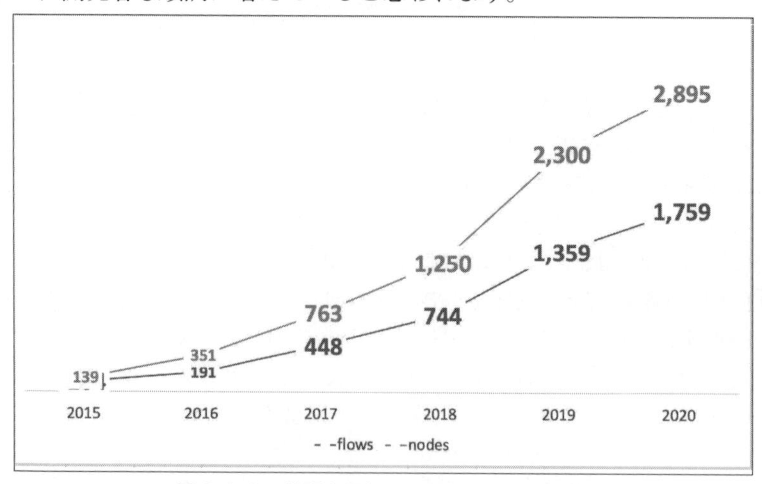


図 1-1-3 公開されたノードとフローの推移

### ● Node-RED を利用したサービスや製品

筆者は比較的早く、「Node-RED」のクラウドサービス同士を簡単に接続できる点に着目し、2014年11月、クラウドサービス連携にNode-REDを活用する「enebular」というサービスをβリリースしました。

その後、続々と「Node-RED」を利用したサービスが登場し、雑誌やWebでも多く取り上げられるようになっています。

また､最近では「Node-RED」を標準で組み込んだ「IoTゲートウェイ製品」などもリリースされるようになり、こういった製品やサービスをきっかけにNode-REDを認知するケースも増しているように思います。

Node-RED をホスティングしたサービス一覧

- IBM, Node-RED on IBM Cloud
- Intel, Intel IoT Gateway
- Uhuru, enebular
- STMicroelectronics, STM32CubeMonitor
- AT&T, AT&T IoT Platform
- NEC, Obbligato, CONNEXIVE IoT Connectivity Engine
- LG, Workflow Designer
- さくらインターネット , さくらのクラウド
- Samsung, Artik,Samsung Automation Studio
- GE, Predix Developer Kit
- Cisco, Meraki
- Siemens, SIMATIC IOT2020, MindSphere Visual Flow Creator
- Schneider Electric, Edge Box
- Sense Tecnic, FRED
- Particle, IoT Rules Engine
- 日立製作所 , Lumada Solution Hub
- Hewlett Packard Enterprise, Edgeline OT Link
- 富士通 , COLMINA Platform,INTELLIEDGE A700 Appliance
- ぷらっとホーム , OpenBlocks
- 東芝 , SPINEX
- Nokia, Nokia Innovation Platform

# 1.2 「オープンソース・コミュニティ」の力

## ■メジャーになっていく「Node-RED」

### ●「Raspberry Pi」に標準搭載

筆者が、「Node-RED」を一躍メジャーな存在にした出来事だと認識しているのは、「Raspberry Pi」用のOSである「Raspberry Pi OS」に、「Node-RED」が標準搭載されるようになったことです。

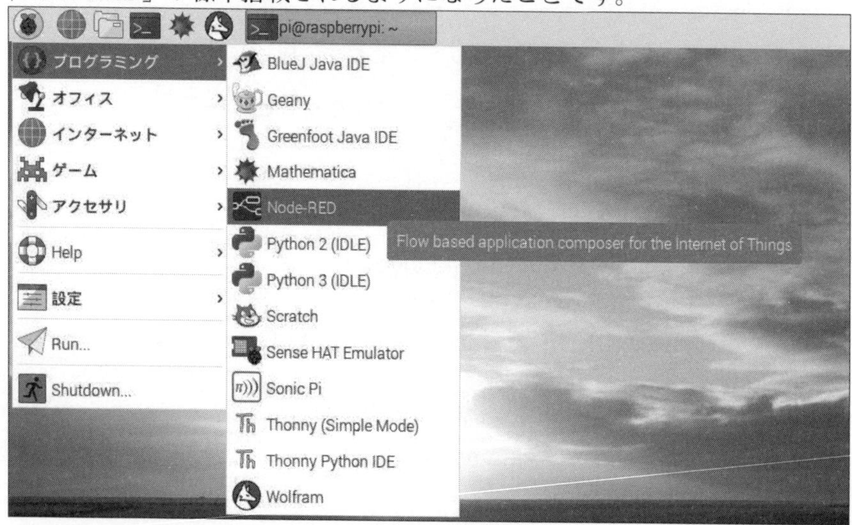


図1-2-1　Raspberry Pi OSに標準搭載されたNode-RED

これによって、「Node-RED」はプログラミング初学者の教育用ツールとして利用されるようになっています。

### ●「JS Foundation」へ移管

そして、2016年10月、「ESLint」や「Grunt」「jQuery」など、著名なプロジェクトが名を連ねる「JS Foundation」に移管されました。

## ■原動力は「オープンソース・コミュニティ」

これらの急激な発展の原動力は、優れた「オープンソース・プロダクト」と、それに貢献しようとする開発者、新たなユースケースを提供するユーザーによる、「オープンソース・コミュニティ」の力です。

「Node-RED」の公式サイト (https://nodered.org) では、「Node-RED」のドキュメントはもちろん、サードパーティが作った「ノード」や「フロー」を登録して公開できる「Flow ライブラリ」(https://flows.nodered.org/) を運営。

システム的にも「Node-RED」から産み出されるコンテンツの流通を促進しています。

また、「Node-RED User Group Japan」の運営メンバーをはじめとする有志により、「Node-RED Con Tokyo」が、2019 年、2020 年と 2 年連続で、開催されました。(https://nodered.jp/noderedcon2019/, https://nodered.jp/noderedcon2020/)

図 1-2-2　Node-RED Con Tokyo 2019 の様子

このように、「Node-RED」は、コミュニティから産み出されるコンテンツの価値に少しずつ気づき始めた開発者とユーザーの伝播によって、急激に知名度を上げています。

今後は、誰もがこれらの有用なツールと知識を駆使して、さまざまなユースケースを簡単に実現する世界になっていくことでしょう。

# 第2章

# 各種ソフトのインストール

本章では、「Node-RED」でプログラミングをはじめる準備をしていきます。

「Node.js」の準備から、Windows や Mac での「Node-RED」のインストール方法の他、「Raspberry Pi」での利用についても解説します。

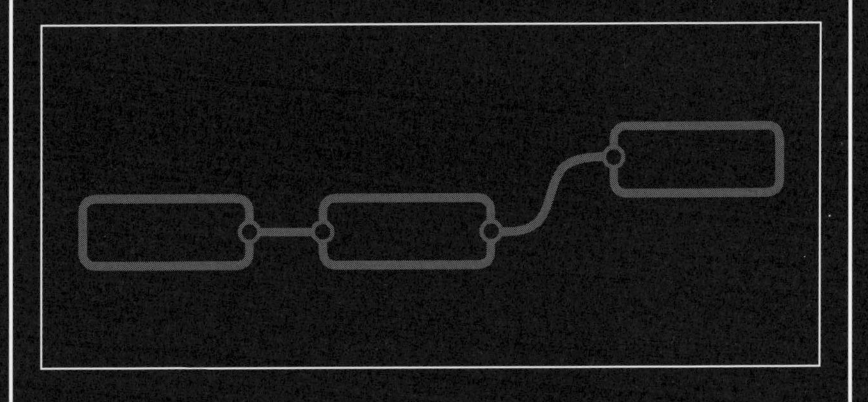

# 2.1 「Node.js」のインストール

## ■「Node-RED」の最新インストール状況を把握する

「Node-RED」は頻繁にアップデートされており、ベースとなる「Node.js」のバージョンアップも日々追従しています。

インストールの最新状況を把握するため、次のURLを、インストール前に確認しておきましょう。

https://nodered.jp/docs/getting-started/local

図2-1-1 「Node-RED」の最新インストール状況を確認

本書では、執筆時点（2021年2月）で推奨されている、「Node.js 12.20.2」をインストールします。

以降で、OSごとのインストール方法を示します。

### ●Windows の場合

「Node.js」の日本版 Web サイト (https://nodejs.org/ja/download/releases/) から、「Node.js 12.20.2」のインストーラをダウンロードして、インストールします。

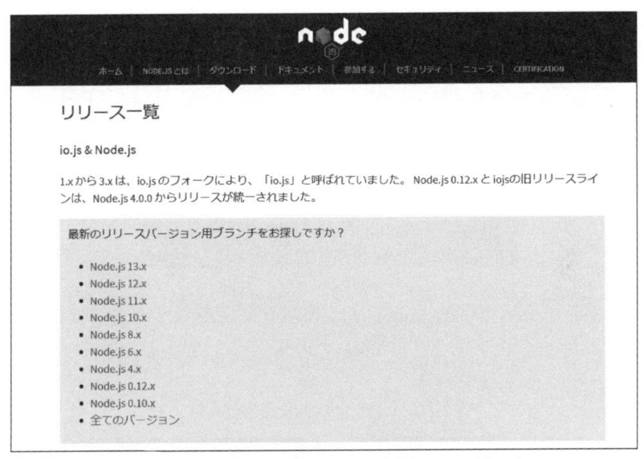


図 2-1-2 「Node.js」の日本版 Web サイト

図 2-1-3 「Node.js」のインストーラ

インストールが完了したら、「Node.js」と「npm パッケージ・マネージャ」のバージョンを調べて、きちんとインストールされているかを確認してください。

```
C:\Users\nodered>node -v
v12.20.2

C:\Users\nodered>npm -v
6.14.11
```

図 2-1-4 「Node.js」と「npm パッケージ・マネージャ」のバージョンを確認

### ●Mac の場合

「Node.js」の日本版Webサイト(https://nodejs.org/ja/)から「バージョンv14.16.0 LTS」のインストーラをダウンロードして、インストールを行ないます。

図2-1-5 「Node.js」の日本版Webサイト

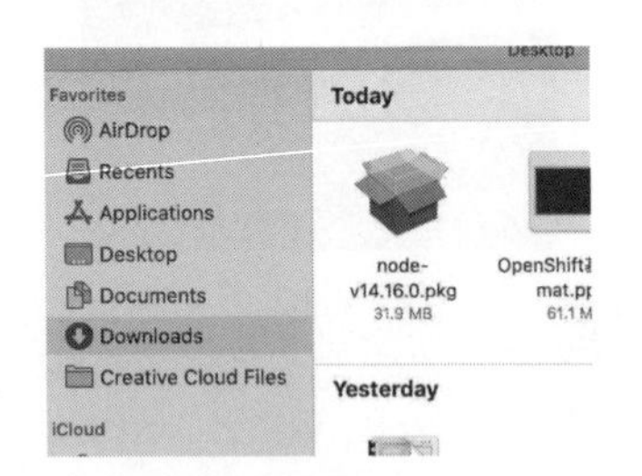


図2-1-6 「Node.js」のインストーラ

インストールが終わったら、「Node.js」と「npmパッケージ・マネージャ」のバージョンを調べて、きちんとインストールされているかを確認してください。

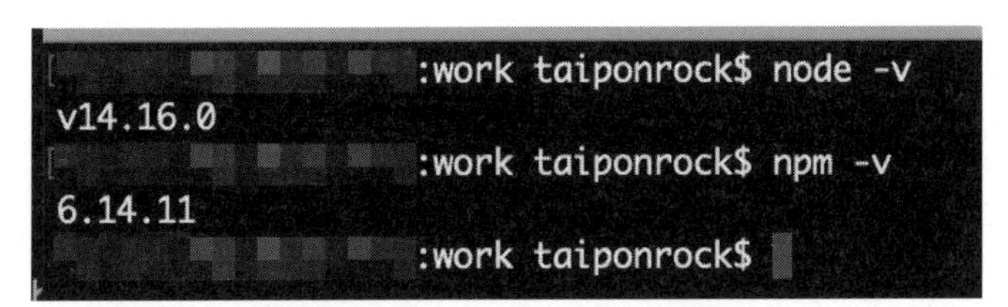


図 2-1-7　バージョンを確認

### ●他の環境でのインストール

「Linux」や他のデバイスへの「Node.js」のインストール方法については、「Getting Started」(https://nodered.jp/docs/getting-started/) を参照してください。

## 2.2　「Node-RED」のインストール

### ■「npm パッケージ・マネージャ」でインストール

「Node.js」が準備できたら、次は「Node-RED」をインストールしましょう。

最も簡単な方法は、「npm パッケージ・マネージャ」を利用することです。

*

Windows の場合は、「sudo コマンド」で動作させる必要はないため、以下のコマンドを「コマンドプロンプト」から実行します。

【リスト 2-2-1】「Node-RED」のインストール（Windows の場合）

```
npm install -g --unsafe-perm node-red
```

Linux や Mac の場合は、以下のコマンドを「ターミナル」から実行します。

【リスト 2-2-2】「Node-RED」のインストール（Linux/Mac の場合）

```
sudo npm install -g --unsafe-perm node-red
```

コマンドを実行すると、インストールが開始されます。

しばらくインストールのログが表示されているので、待機してください。

```
npm WARN deprecated bcrypt@3.0.6: versions < v5.0.0 do not handle NUL in passwords properly
npm WARN deprecated node-pre-gyp@0.12.0: Please upgrade to @mapbox/node-pre-gyp: the non-scoped node-pre-gyp package is
deprecated and only the @mapbox scoped package will recieve updates in the future
npm WARN deprecated request@2.88.0: request has been deprecated, see https://github.com/request/request/issues/3142
npm WARN deprecated har-validator@5.1.5: this library is no longer supported
npm WARN deprecated bcrypt@3.0.8: versions < v5.0.0 do not handle NUL in passwords properly
npm WARN deprecated node-pre-gyp@0.14.0: Please upgrade to @mapbox/node-pre-gyp: the non-scoped node-pre-gyp package is
deprecated and only the @mapbox scoped package will recieve updates in the future
C:\Users\nodered\AppData\Roaming\npm\node-red -> C:\Users\nodered\AppData\Roaming\npm\node_modules\node-red\red.js
C:\Users\nodered\AppData\Roaming\npm\node-red-pi -> C:\Users\nodered\AppData\Roaming\npm\node_modules\node-red\bin\node
red-pi

> bcrypt@3.0.6 install C:\Users\nodered\AppData\Roaming\npm\node_modules\node-red\node_modules\bcrypt
> node-pre-gyp install --fallback-to-build

node-pre-gyp WARN Using request for node-pre-gyp https download
[bcrypt] Success: "C:\Users\nodered\AppData\Roaming\npm\node_modules\node-red\node_modules\bcrypt\lib\binding\bcrypt_li
.node" is installed via remote

> bcrypt@3.0.8 install C:\Users\nodered\AppData\Roaming\npm\node_modules\node-red\node_modules\node-red-admin\node_modu
es\bcrypt
> node-pre-gyp install --fallback-to-build

node-pre-gyp WARN Using request for node-pre-gyp https download
[bcrypt] Success: "C:\Users\nodered\AppData\Roaming\npm\node_modules\node-red\node_modules\node-red-admin\node_modules\
crypt\lib\binding\bcrypt_lib.node" is installed via remote
```

図 2-2-1　インストール直後のログ

+node-red@バージョンが表示されたら、インストールは完了です。

```
node-pre-gyp WARN Using request for node-pre-gyp https download
[bcrypt] Success: "C:\Users\nodered\AppData\Roaming\npm\node_modules
crypt\lib\binding\bcrypt_lib.node" is installed via remote
+ node-red@1.2.9
added 351 packages from 319 contributors in 54.766s
```

図 2-2-2　インストール終了時のログ

## ■「Node-RED」を起動

「Node-RED」は、次のコマンドで起動します。Windowsの場合はコマンドプロンプト、Macの場合はターミナルを利用してください。

【リスト 2-2-3】「Node-RED」の起動

```
node-red
```

すると、次のようなログが表示されます。

【リスト 2-2-4】起動後のログ

```
Welcome to Node-RED
===================


23 Feb 21:16:57 - [info] Node-RED version: v1.2.9
23 Feb 21:16:57 - [info] Node.js  version: v12.20.2
```

```
23 Feb 21:16:57 - [info] Windows_NT 10.0.19041 x64 LE
23 Feb 21:16:59 - [info] Loading palette nodes
23 Feb 21:17:00 - [info] Settings file  : C:¥Users¥nodered¥.
node-red¥settings.js
23 Feb 21:17:00 - [info] Context store : 'default' [module=memory]
23 Feb 21:17:00 - [info] User directory : C:¥Users¥nodered¥.
node-red
23 Feb 21:17:00 - [warn] Projects disabled : editorTheme.
projects.enabled=false
23 Feb 21:17:00 - [info] Flows file     : C:¥Users¥nodered¥.
node-red¥flows_node-red-instal.json
23 Feb 21:17:00 - [info] Creating new flow file
23 Feb 21:17:00 - [warn]

～省略～
```

## ■「Node-RED」にブラウザからアクセス

起動が確認できたら、ブラウザを起動して「http://localhost:1880」と入力し、アクセスすると、「Node-RED」の画面が表示されます。

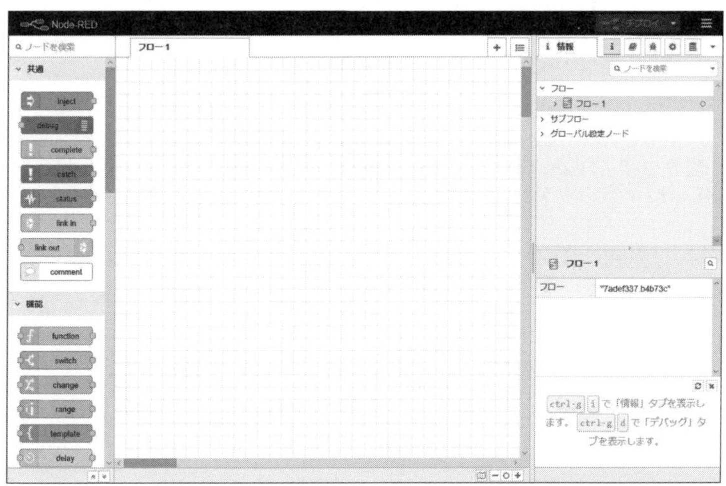


図 2-2-3　ブラウザで「Node-RED」を表示

## ■ Node-RED ユーザー・ディレクトリ

Node-REDの「ユーザー・ディレクトリ」は、「＜各OSのユーザー・フォルダ＞/.node-red」です。

各OSの「ユーザー・フォルダ環境変数」を使って、移動してみましょう。

【リスト 2-2-5】Windows でのフォルダ移動

```
cd %HOMEPATH%¥.node-red
```

【リスト 2-2-6】Linux/Mac でのフォルダ移動

```
cd $HOME/.node-red
```

状況によって、「ユーザー・フォルダ環境変数」が使えずアクセスできない場合は、自分自身の「ユーザー名」と「ユーザー・フォルダ」を確認して、アクセスしてみましょう。

| 名前 | 更新日時 | 種類 | サイズ |
|---|---|---|---|
| lib | 2016/06/08 23:27 | ファイル フォルダー | |
| node_modules | 2017/06/02 0:50 | ファイル フォルダー | |
| .config.json | 2017/07/01 0:05 | JSON ファイル | 25 KB |
| .flows_ .json.backup | 2017/06/18 21:37 | BACKUP ファイル | 9 KB |
| .flows_ _cred.json.backup | 2017/06/18 0:05 | BACKUP ファイル | 1 KB |
| flows_ json | 2017/06/18 21:37 | JSON ファイル | 9 KB |
| flows_ _cred.json | 2017/06/18 0:08 | JSON ファイル | 1 KB |
| package.json | 2017/07/01 0:05 | JSON ファイル | 1 KB |
| settings.js | 2017/03/28 0:12 | JS ファイル | 9 KB |

図 2-2-4　Node-RED の「ユーザー・ディレクトリ」(Windows の場合)

通常は、「Node-RED」の起動コマンドでフォルダ内容を意識せず進めることができますが、ノードの追加や認証をはじめ、細かな設定が必要になる場合があります。

そのときは、「Node-RED ユーザー・ディレクトリの設定ページ」(https://nodered.jp/docs/configuration) で、設定の詳細を参考に対応しましょう。

## 2.3 Raspberry Pi での利用

「Node-RED」は、ARM ベースの小型軽量ボードコンピュータ「Raspberry Pi」でも、すぐに利用することが可能です。

2021 年 3 月時点では、「Raspberry Pi Imager」というツールで「Raspberry Pi」で使う SD カードに 多種多様な OS がインストールできます。

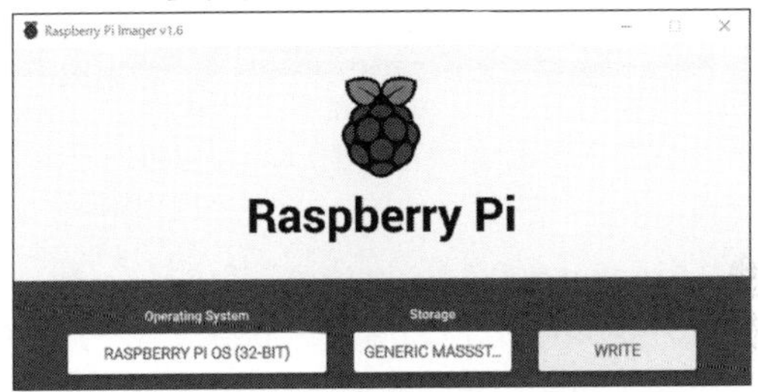


図 2-3-1　Raspberry Pi Imager

「A port of Debian with the Raspberry Pi Desktop (Recommended)」を選んで、OS をインストールした Raspberry Pi で進めます。

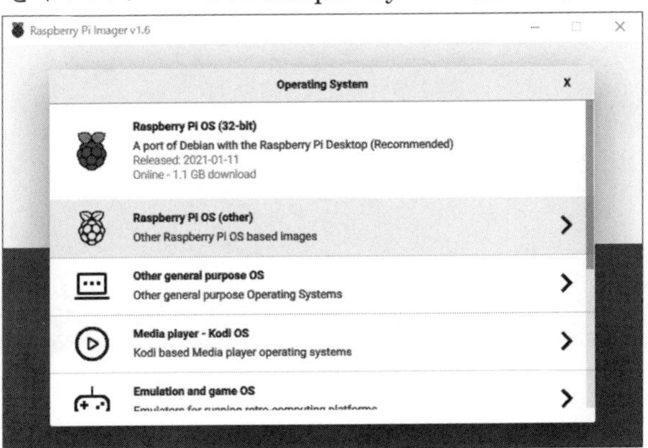


図 2-3-2 OS の選択

今回は、「Raspberry Pi 4 Model B 4GB」で行ないました。

### ■ Node-RED をインストール・アップグレードする

「Raspberry Pi」で実行する（https://nodered.jp/docs/getting-started/raspberrypi）に紹介されているインストールスクリプトをオンラインからダウンロードし実行します。

インストールした OS によっては、「Node-RED」がプリインストールされてる場合がありますが、最新の状態でなかったり、追加の設定が必要な場合があるため、自分で見極めて対応すること大変です。

今回のインストールスクリプトは、既存の環境をアップグレードすることもできるので、こちらを実行しましょう。

```
bash <(curl -sL https://raw.githubusercontent.com/node-red/linux-installers/master/deb/update-nodejs-and-nodered)
```

2つのメッセージが出てきますが、両方「yes」と打ち込んで、「Enter キー」を押して進めます。

「Are you really sure you want to do this ? [y/N] ?」は「y」で進めます。

「Would you like to install the Pi-specific nodes ? [y/N] ?」は「y」で進めます。

すると、インストールがはじまります。

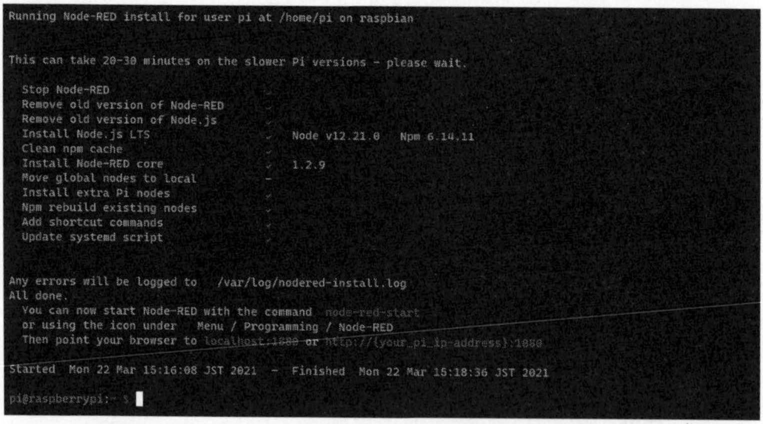

```
Running Node-RED install for user pi at /home/pi on raspbian


This can take 20-30 minutes on the slower Pi versions - please wait.

  Stop Node-RED
  Remove old version of Node-RED
  Remove old version of Node.js
  Install Node.js LTS                    Node v12.21.0   Npm 6.14.11
  Clean npm cache
  Install Node-RED core                  1.2.9
  Move global nodes to local
  Install extra Pi nodes
  Npm rebuild existing nodes
  Add shortcut commands
  Update systemd script


Any errors will be logged to   /var/log/nodered-install.log
All done.
  You can now start Node-RED with the command  node-red-start
  or using the icon under   Menu / Programming / Node-RED
  Then point your browser to localhost:1880 or http://{your_pi_ip-address}:1880

Started  Mon 22 Mar 15:16:08 JST 2021  -  Finished  Mon 22 Mar 15:18:36 JST 2021

pi@raspberrypi:~ $
```

図2-3-3　アップグレード中のステータス

ステータスが表示され、さまざまな対応が進みます。

インストール・アップグレードが完了すれば、「Node-RED」を利用することができます。

## ■その他の Raspberry Pi 利用文献

Raspberry Pi 利用についての TIPS は、Raspberry Pi で実行する（https://nodered.jp/docs/getting-started/raspberrypi）にあります。

起動から常時起動する方法や GPIO について掲載されています。気になる方は見てみましょう。

# 第3章

# はじめてのフロー

　本章では、「Node-RED」の起動からはじめて、各種機能やフローの作り方に触れていきます。
　なじみのある「HTTP」の通信を体験した上で、フローの「インポート」や「エクスポート」といった管理方法も学びましょう。

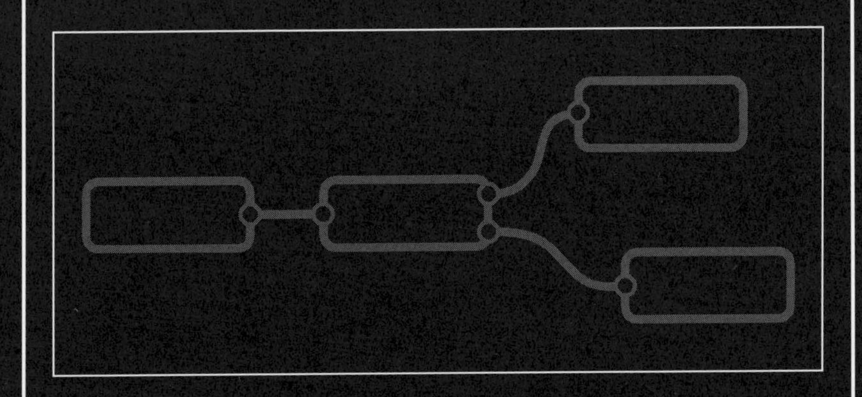

# 3.1 「Node-RED」の基本

## ■「Node-RED」を起動し、アクセスする

まず、**第2章**で解説したように、「Node-RED」をコマンドで起動してください。

起動が確認できたら、「Node-RED」にアクセスします。
ブラウザを起動して、

```
http://localhost:1880
```

と入力してアクセスすると、「Node-RED」の画面が表示されます。

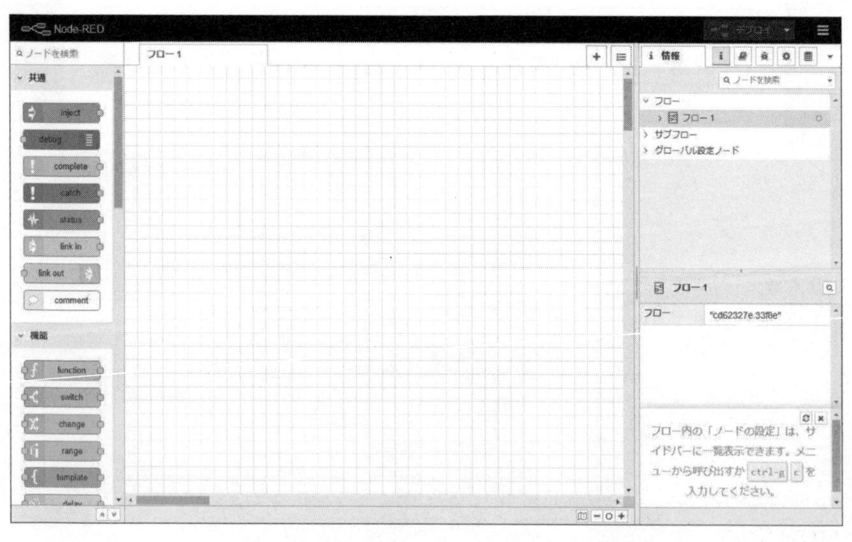


図 3-1-1 ブラウザで「Node-RED」を表示

## ■ 画面の説明

表示された画面の各エリアの機能は、次のようになっています。

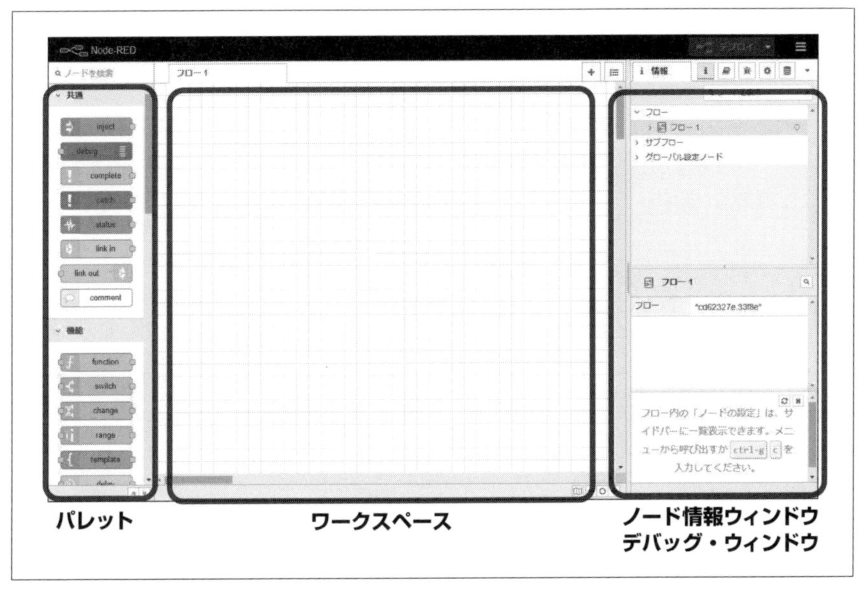


図 3-1-2　各エリアの機能

### ●パレット

さまざまな機能をもつ「ノード」が配置されています。

カテゴリごとに利用できる「ノード」が一覧で表示され、「オリジナルのノード」も追加が可能です。

### ●ワークスペース

「フロー」(プログラム) を作る場所です。

「パレット」から「ノード」をドラッグ&ドロップして配置し、「ノード」同士をつなぐことで、「フロー」を作っていきます。

### ●ノード情報ウィンドウ／デバッグ・ウィンドウ

「ノード情報ウィンドウ」は、操作時のさまざまな情報が表示されます。

たとえば、「パレット」で「ノード」をクリックすると、その「ノード」の情報が表示され、「ワークスペース」にある「ノード」や「フロー」をクリックした場合は、設定された値の詳細が表示されます。

また、「debugノード」を使っている場合は、「デバッグ・ウィンドウ」としても機能します。

## ■「ノード」と「フロー」

### ●ノード

「ノード」は、処理をする“点”です。

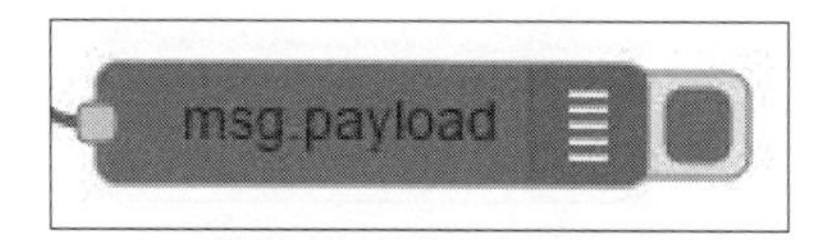


図3-1-3　ノード

「端子」（ポート）から、他の「ノード」につなぐことができます。

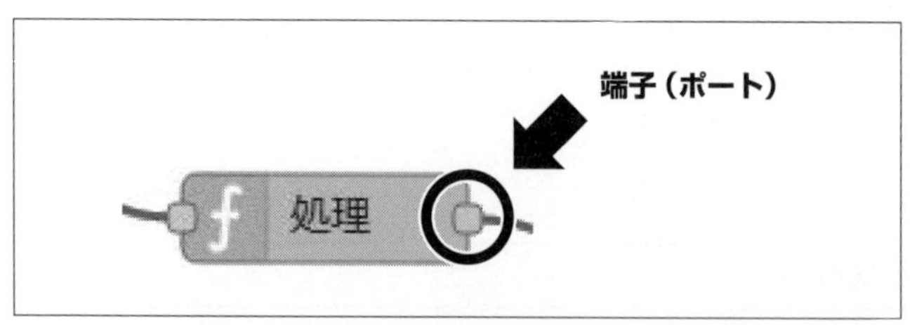


図3-1-4　「ノード」をつなぐ端子（ポート）

### ●フロー

「ノード」をつないで、一連の処理にしたものを「フロー」と言います。

「フロー」の処理は、左から右に流れていきます。

次の図は、ある「フロー」の処理が流れる例です。

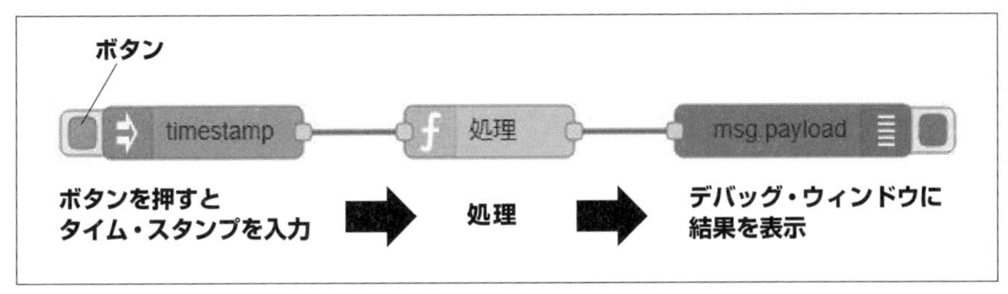


図3-1-5 「フロー」の処理が流れる例

## ■「フロー」の作り方

「パレット」からノードを選択し、「ワークスペース」にドラッグ＆ドロップします。

作りたい処理に合わせて、使うノードをワークスペースに揃えておきます。

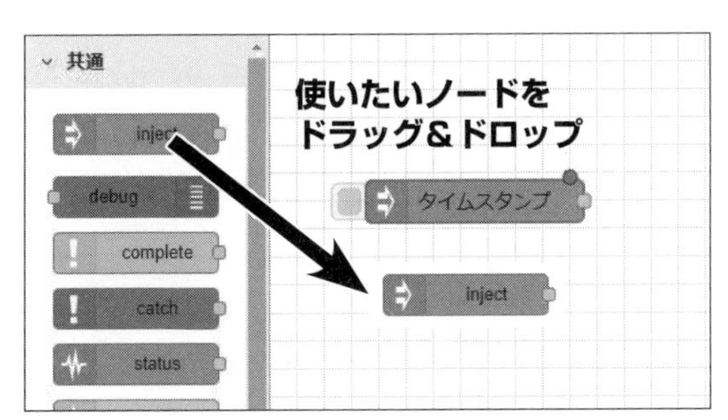


図3-1-6 使いたい「ノード」をドラッグ＆ドロップ

処理の流れでノード同士を接続します。

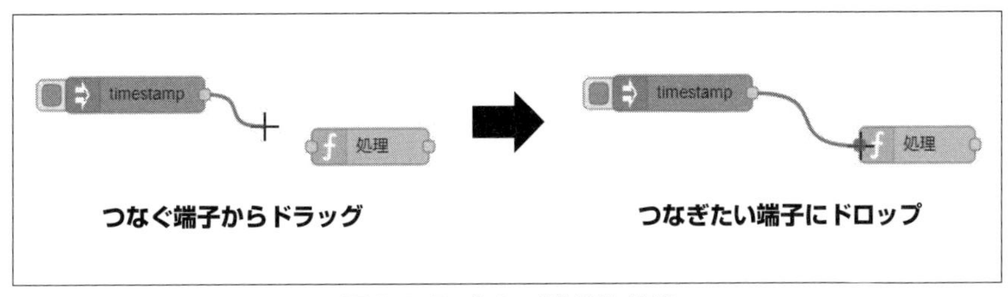


図3-1-7 「ノード」間を接続

ノードをダブルクリックすると、「プロパティ設定」の画面になります。
処理の詳細は、ここから設定ができます。

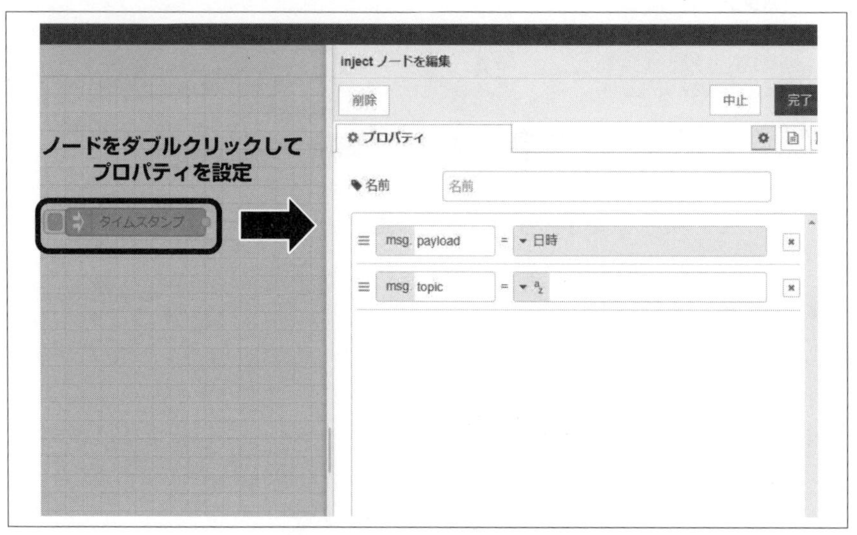


図 3-1-8 「プロパティ」の設定

## ■「ノード」の種類

「ノード」には、主に次の3種類があります。

### ①入力ノード

「入力ノード」は、端子が右に付いています。
「ノード」のもつ条件が当てはまると、「右のノード」にデータを送ります。

図 3-1-9 入力ノードの例（inject ノード）

### ②機能ノード

「機能ノード」は、端子が右と左の両方に付いています。
「左のノード」からデータが来ると、自分のノードがもつ処理を行ない、「右のノード」にデータを送ります。

図3-1-10 「機能ノード」の例（function ノード）

### ③出力ノード

「出力ノード」は、端子が左に付いています。
左のノードからデータがくると、自分のノードがもつ処理を行ない、「フロー」が終わります。

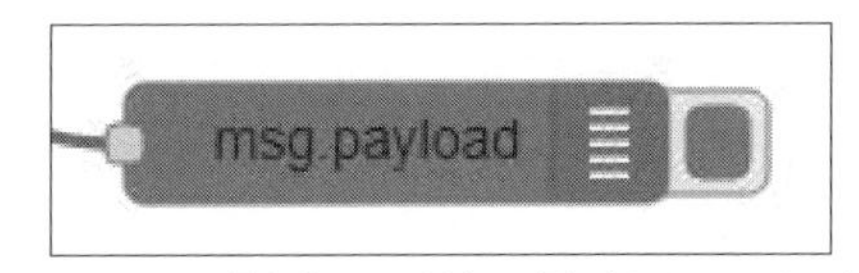


図3-1-11 「出力ノード」の例（debug ノード）

＊

これらの「ノード」の種類を見分けながら、「フロー」を作っていきましょう。

# 3.2 「フロー」の作り方

## ■ さっそく作ってみよう

画面が理解できたところで、はじめての「フロー」を作っていきましょう。

ここではシンプルな「フロー」として、ボタンを押すとデータを右のノードに送る「inject ノード」と、流れてきた値をデバッグ・ウィンドウに表示する「debug ノード」を使って、「デバッグ・ウィンドウ」に値を表示する仕組みを作ります。

### ●「inject ノード」の配置

パレットから「inject ノード」をドラッグし、ワークスペースの好きな場所に配置します。

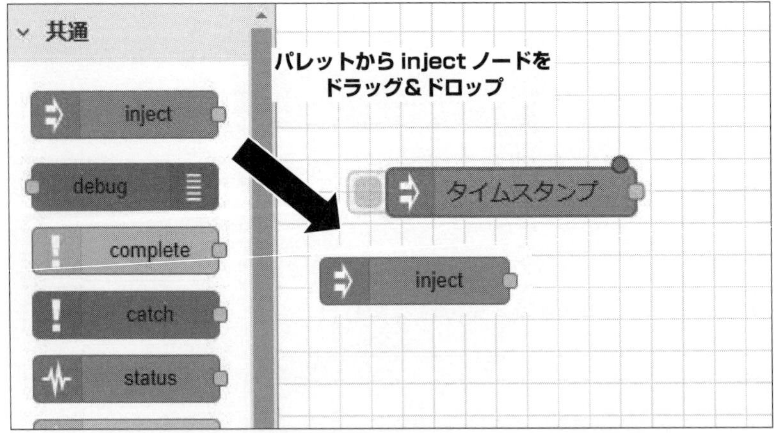


図 3-2-1 「inject ノード」をドラッグ＆ドロップ

## ●「debug ノード」の配置

続けて、「debug ノード」をパレットから配置します。

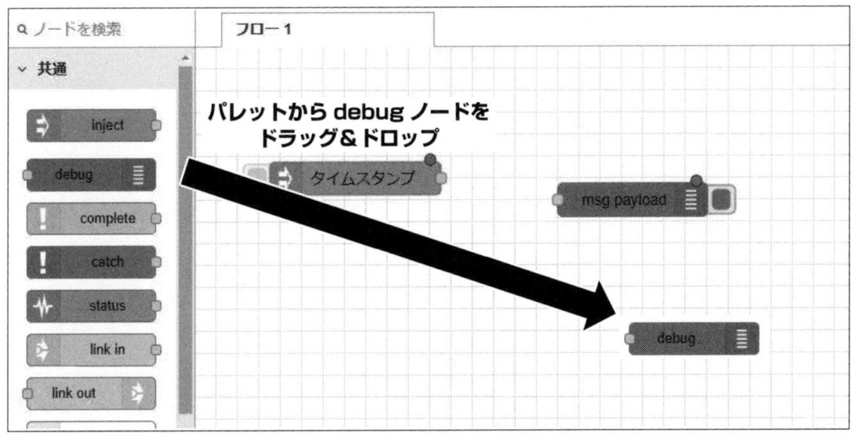


図 3-2-2 「debug ノード」を配置

## ●端子をつなぐ

配置できたら、「inject ノード」の右の端子と、「debug ノード」の端子をつなぎます。

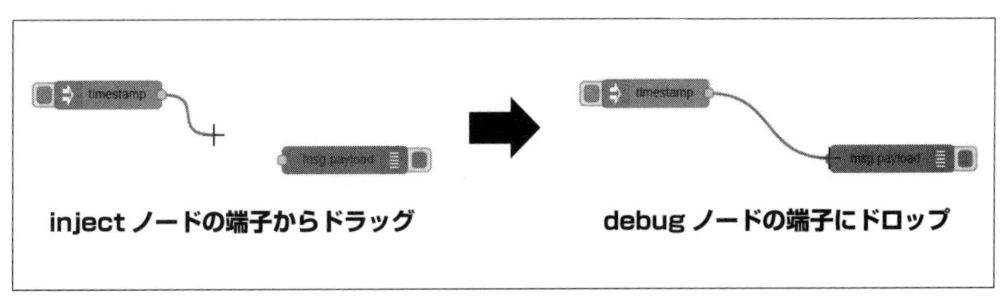


図 3-2-3 「ノード」の端子をつなぐ

## ●デプロイする

端子をつないだら、「Node-RED」がこのフローで動くように「デプロイ」(動作可能な状態にすること) します。

画面右上の「デプロイ・ボタン」を押して、動作可能な状態にします。

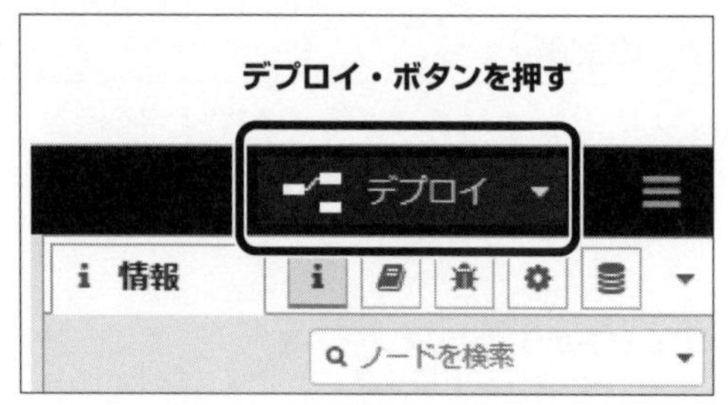


図 3-2-4　デプロイを行なう

＊

これで、「フロー」の準備は完了です。

## ■ 動かしてみよう

ここまでの作業が終わったら、「inject ノード」の左にあるボタンをクリックします。

すると、「タイム・スタンプ」のデータが送られ、「debug ノード」が受け取ります。

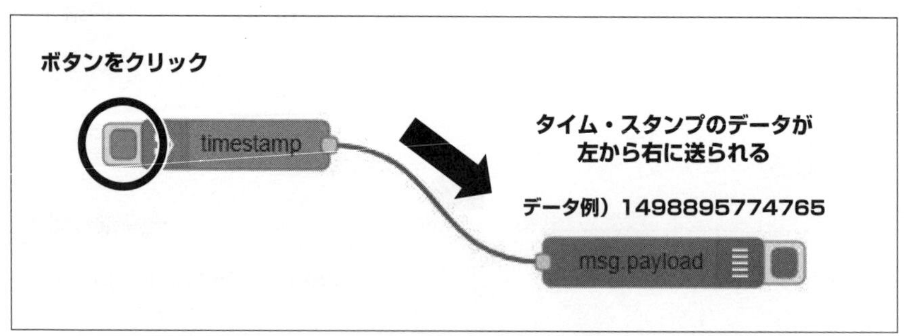


図 3-2-5 「inject ノード」のボタンをきっかけにデータが流れる

「debug ノード」の処理を行なって、フローが終了します。

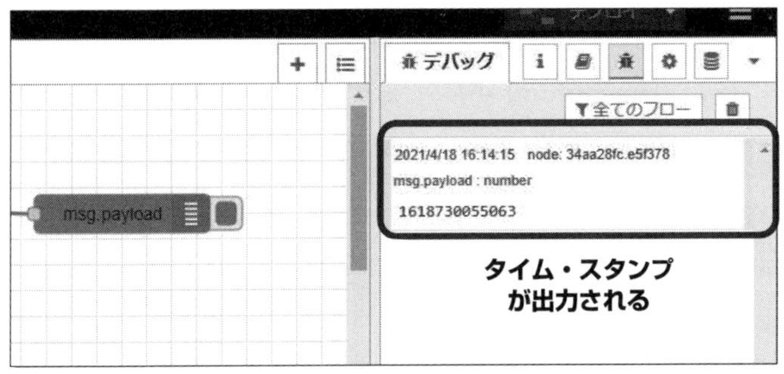


図 3-2-6 「debug ノード」が、データをデバッグ・ウィンドウに表示

## ■「ノード・プロパティ」の編集

先ほど配置した「inject ノード」は、特に「ノード・プロパティ」の設定はせずに、「タイム・スタンプ」のデータを送信しました。

ですが、フローの制作を進める上では、ノードをより細かに設定する必要が出てきます。

そこで、「inject ノード」のプロパティを編集して、「debug ノード」に送るデータを変更してみましょう。

＊

「inject ノード」の設定は、「inject ノード」自体をダブルクリックし、プロパティを表示して設定します。

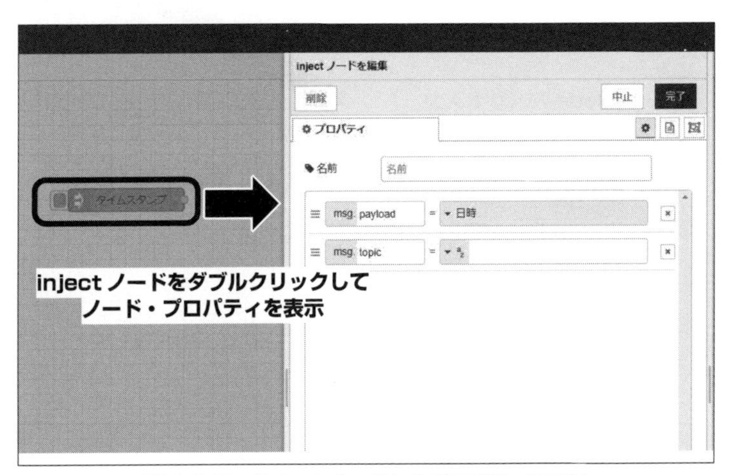


図 3-2-7 「inject ノード」のプロパティを表示

「inject ノード」のプロパティが表示されたら、「ペイロード」部分をクリックして、「日付」(timestamp) から「文字列」(string) に変更します。

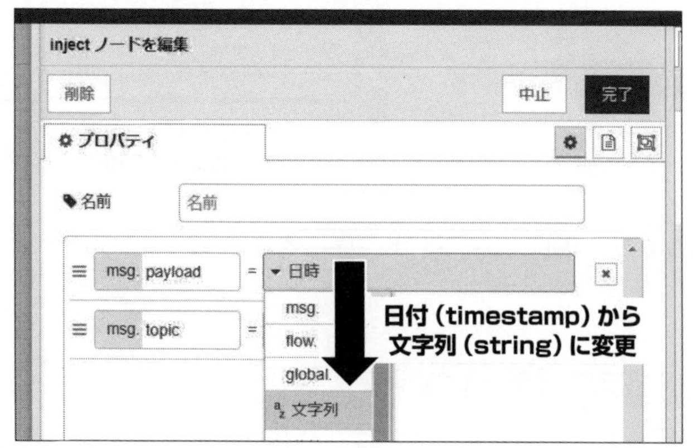


図 3-2-8 「ペイロード」部分をクリックして、「日付」から「文字列」に変更

変更すると、どのような「文字列」を表示するかを設定する入力フォームが現われるので、「Node-RED」と入力して、右上の「完了ボタン」をクリックします。

図 3-2-9 送信する「文字列」の設定をして、「完了ボタン」をクリック

設定が完了したら、画面右上の「デプロイ・ボタン」を押して、動作可能な状態にします。

はじめてのフローを作ったときと同様に、「inject ノード」をクリックしてみましょう。

「debug ノード」が反応して、「Node-RED」と表示されます。

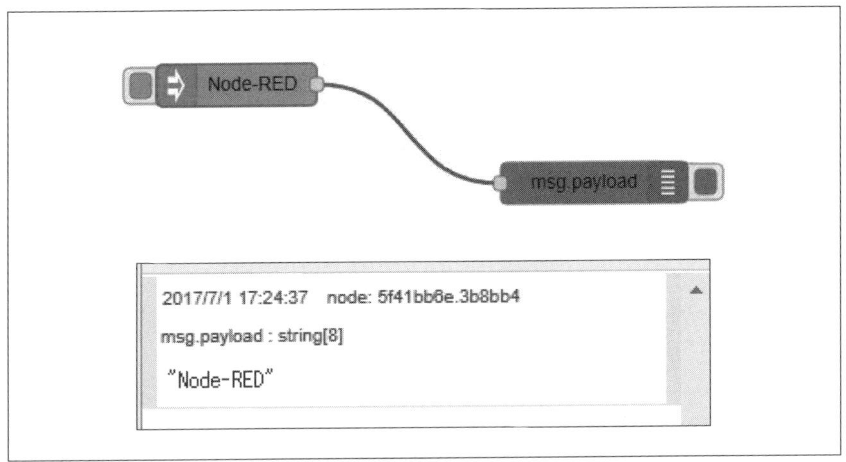


図 3-2-10 「Node-RED」と表示される

*

このように、ワークスペースに配置したそれぞれのノードは、ほとんどが処理に関わるさまざまな設定ができます。

「フロー」を作るには、各ノードが設定できる内容を確認しながら進めていきましょう。

# 3.3 「function ノード」でデータ加工

## ■ ノード間のデータは JSON データで流れていく

「function ノード」は、「JavaScript」のプログラミングでデータ加工ができる「機能ノード」です。

＊

まず、**3-2 節**で説明したフローを元に、ノード間でのデータの流れを確認しましょう。

このフローでは、「inject ノード」のボタンが押されると、文字列「Node-RED」のデータを「debug ノード」に送ります。

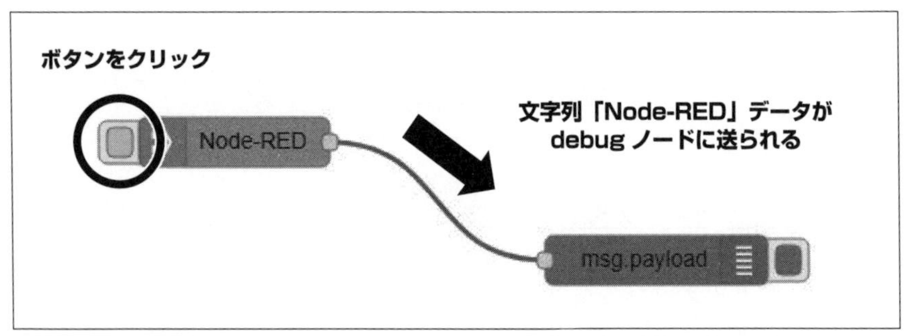


図 3-3-1 「inject ノード」から、文字列「Node-RED」データが「debug ノード」に送られる

このとき、データは「JSON」という形式で流れていきます。

「JSON」は軽量のデータ交換フォーマットで、WEB 上のデータのやり取りでよく使われています。

人間にとって読み書きがしやすく、PC にとっても簡単に加工したり作ったりできる形式です。

※「JSON」の細かい仕様を知りたい方は、「JSON の紹介」(http://www.json.org/json-ja.html) を参照してください。

## ●Node-REDで流れる「JSONデータ」

さて、先ほどのフローの場合、ノード間を流れる「JSONデータ」は以下のようなものになっています。

「msg」といういちばん大きな構造がありますが、通常、ノード上でデータ加工が多く行なわれるのは、1つ下の階層にある「payloadオブジェクト」の部分です。

【リスト3-3-1】「indectノード」で、文字列「Node-RED」をやり取り

```
{
  "msg":{
    "payload":"Node-RED"
  }
}
```

「JSON」は、"データの箱"としてイメージすると分かりやすいです。
データの入れ物としての「配列」や「オブジェクト」といった構造も表現可能で、データ自体(「文字列」や「数字」など)を表現することも可能です。

今回の構造を表現すると、次のような感じです。

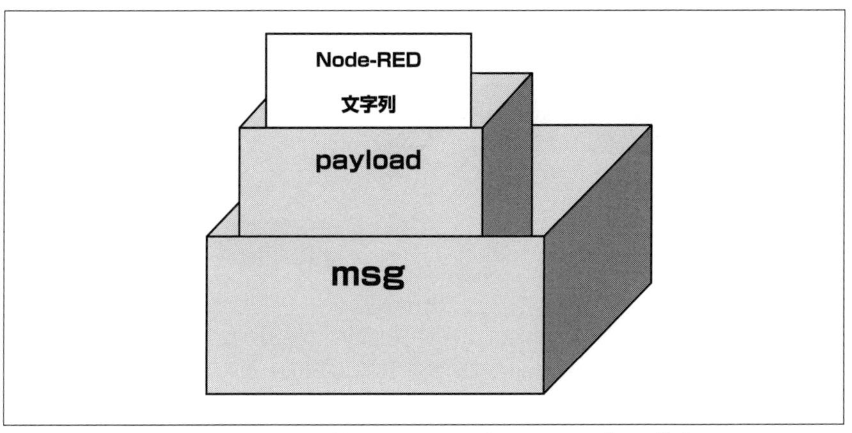


図3-3-2 文字列「Node-RED」が入っているデータ構造

この感覚をつかむには、「debug ノード」のプロパティを見ると分かりやすいです。

確認すると、デバッグ・ウィンドウに表示する「対象」が、「msg.payload」になっています。

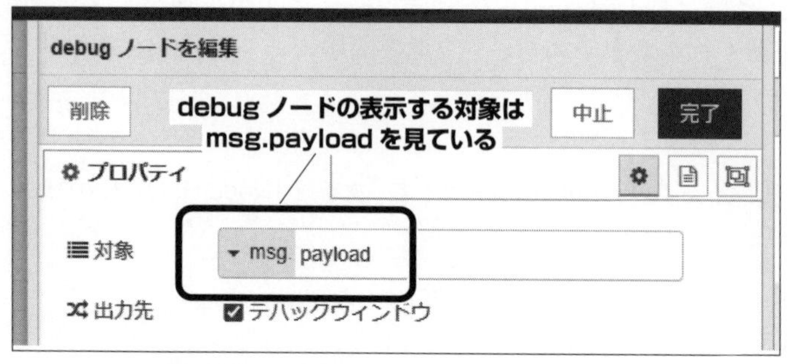


図 3-3-3 「debug ノード」のプロパティ

つまり、「inject ノード」のボタンを押すと、「msg.payload」に「タイム・スタンプ」や「文字列」を入力して、「debug ノード」に送ります。

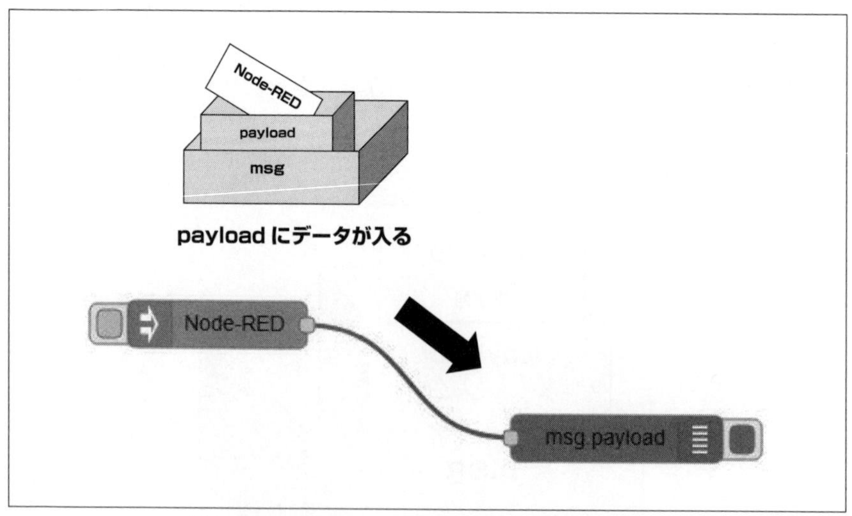


図 3-3-4 「inject ノード」のボタンがきっかけで、
「msg.payload」に文字列「Node-RED」が入る

そして、「debug ノード」が「msg.payload」に入っているデータを受け取り、デバッグ・ウィンドウに表示します。

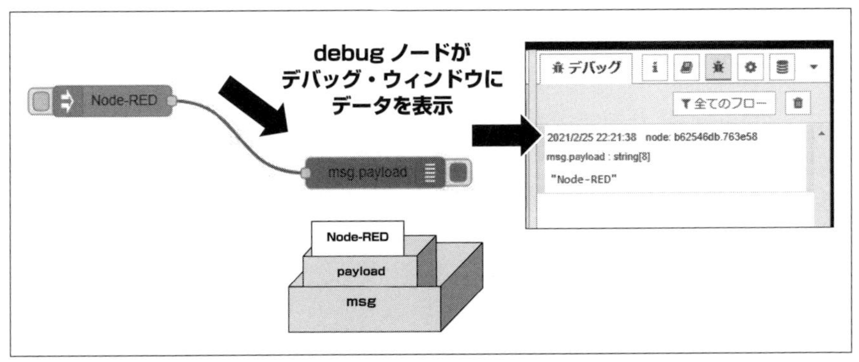


図 3-3-5 「debug ノード」がデバッグ・ウィンドウにデータを表示

## ■「function ノード」を入れてデータ加工

このデータの流れが理解できると、Node-RED で自在にデータを加工できます。

では、**3-2 節**のノードに「function ノード」を加えて、さらにデータを加工してみましょう。

*

パレットから「function ノード」をドラッグして、ノード間をつないでいる線の上に乗せてみましょう。
すると、線が点線に変わります。

この状態でドロップすると、「inject ノード」と「debug ノード」の間に、「function ノード」を挿入できます。

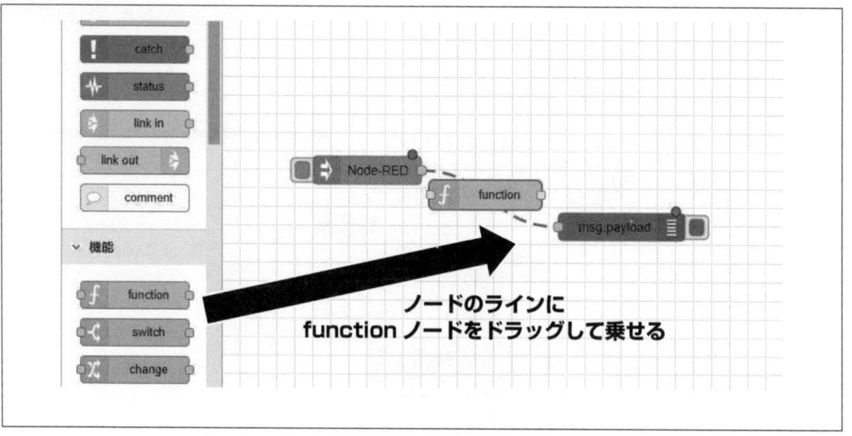


図 3-3-6 「function ノード」を線上にドラッグ

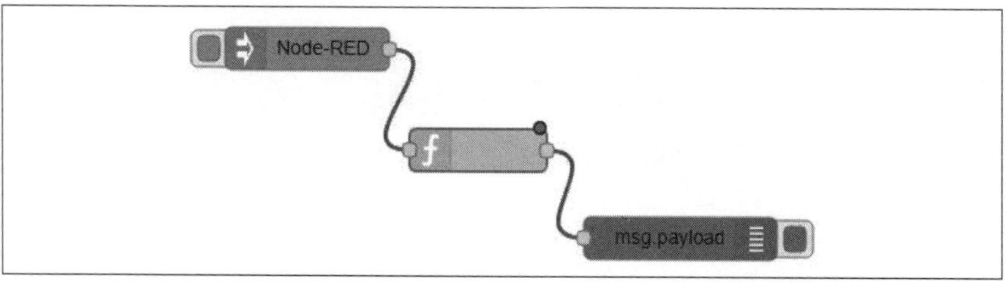


図 3-3-7 そのままドロップすると、「function ノード」を挿入できる

## ●データ加工

フローの準備ができたので、「inject ノード」のデータを「function ノード」で加工します。

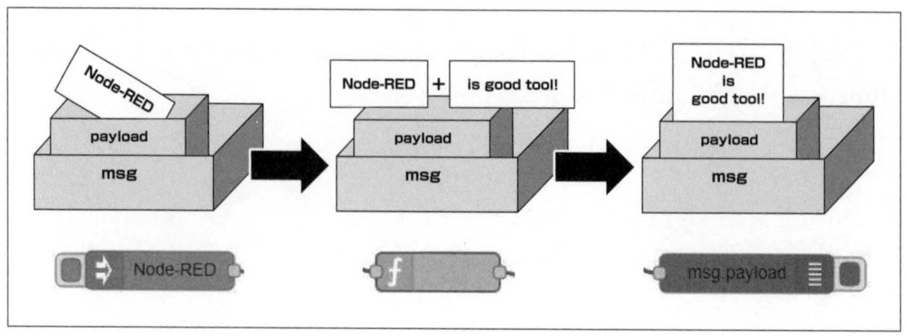


図 3-3-8 データ加工のイメージ図

「function ノード」をダブルクリックして、プロパティを表示します。

まだ設定していない場合は、「function ノード」のコード欄は、次のノードにそのまま「msg」を流すようになっています（つまり、変更されません）。

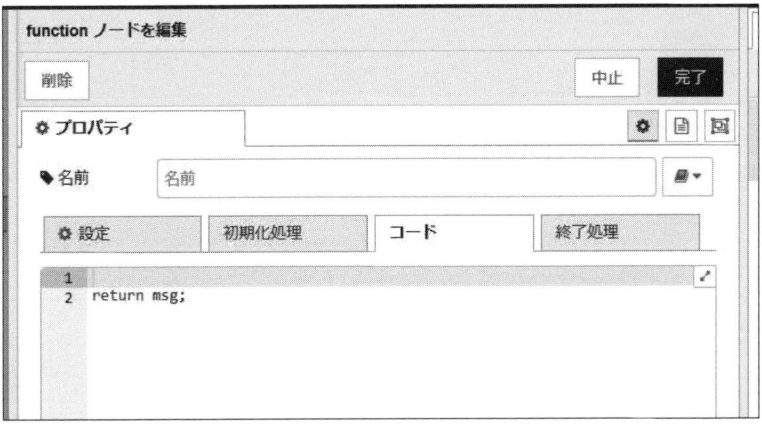

図 3-3-9　「function ノード」のプロパティ（未設定の場合）

【リスト 3-3-2】「function ノード」のコード欄（未設定の場合）

```
return msg;
```

これを、データ加工のコードに変更します。

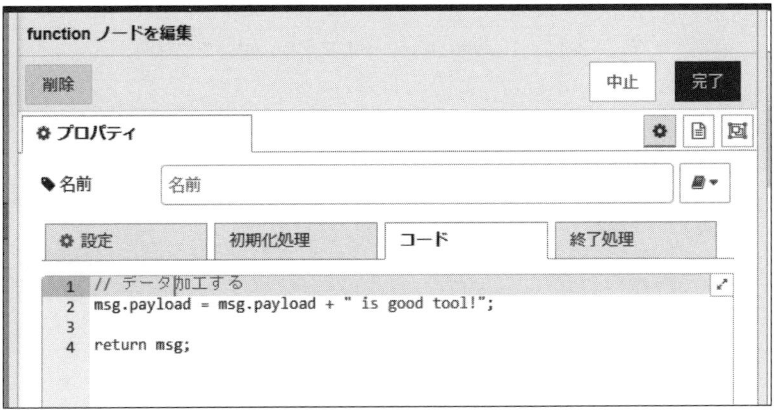

図 3-3-10　データ加工のコードを記述

【リスト3-3-3】「functionノード」のコード欄(データ加工の処理)

```
// データ加工する
msg.payload = msg.payload + " is good tool!";


return msg;
```

記述が終わったら、右上の「完了ボタン」を押して、「functionノード」に設定を反映してください。

### ●「ノードの名前」を付ける

「functionノード」は、初期状態では名前が付いていないため、何の処理をしているかが分かりにくいです。

そこで、名前を付けて動作を分かりやすくします。

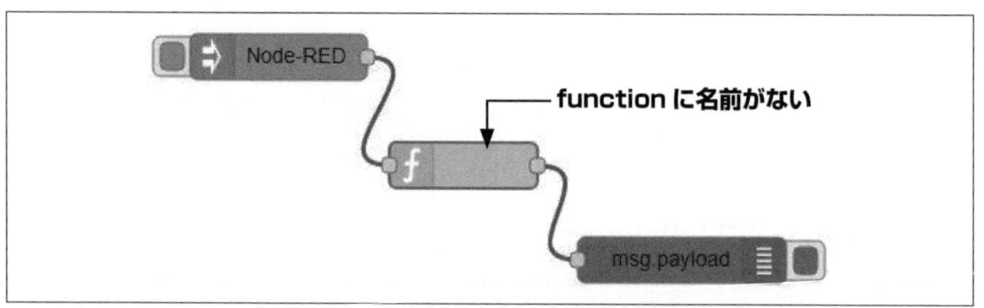

図3-3-11 「functionノード」に名前が付いていない

「functionノード」のプロパティにある「名前」欄に、「データ加工(文字追加)」と入力します。

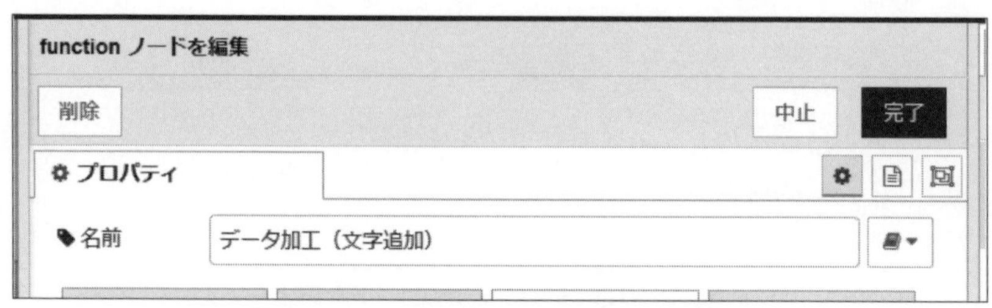

図3-3-12 プロパティで「名前」欄を設定

「完了ボタン」を押して「function ノード」に設定を反映すると、ノードに名前が表示されるようになります。

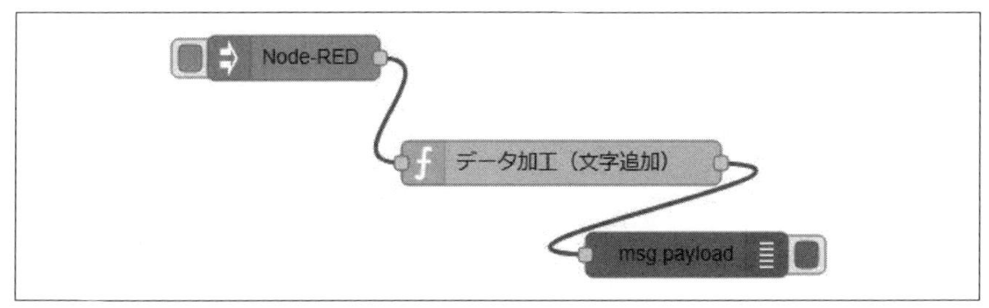


図 3-3-13 「function ノード」に名前が付いた

設定が完了したら、画面右上の「デプロイ・ボタン」を押して、動作可能な状態にします。

これでフローの準備は完了です。

＊

「inject ノード」のボタンを押してフローを動かしてみると、デバック・ウィンドウにデータ加工された文言「Node-RED is good tool!」が表示されます。

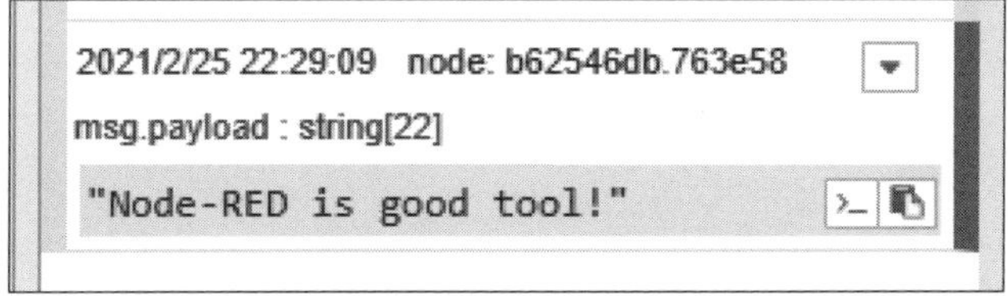


図 3-3-14 フローを実行した際のデバッグ・ウィンドウの表示

＊

より詳しい「function ノード」の使い方を知りたい人は、「function ノードの書き方」(https://nodered.jp/docs/writing-functions) を参考にしてみましょう。

# 3.4 「HTTP リクエスト」を行なうフロー

## ■「HTTP リクエスト」の実装

「http ノード」と「http response ノード」を使って、ブラウザですぐに試せる「HTTP リクエスト」を行なうフローを作ります。

さらに「template ノード」を追加して、見た目も調整してみましょう。

具体的には、ブラウザである URL（http://localhost:1880/currentclock）にアクセスすると、「現在の時間」をブラウザに表示する HTTP リクエストを、Node-RED が行なう仕組みを作ります。

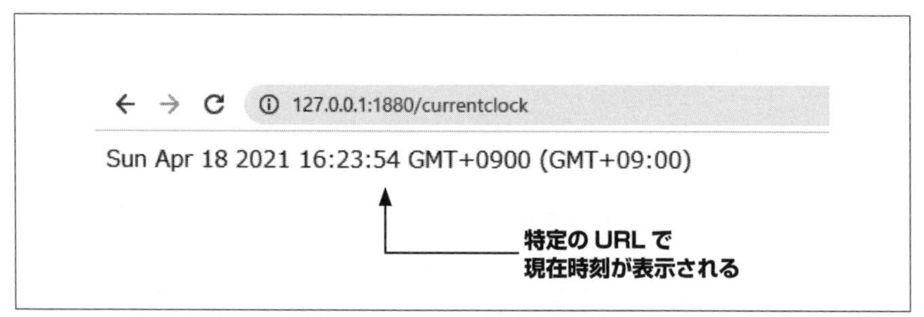


図 3-4-1　ブラウザで「現在の時間」を表示

## ■「http 入力ノード」と「http response ノード」

「http 入力ノード」は、HTTP のエンドポイントの処理を行なう「入力ノード」です。

図 3-4-2　http ノード

また、「http response ノード」は、「http 入力ノード」から受信した要求に、応答を返す「出力ノード」です。

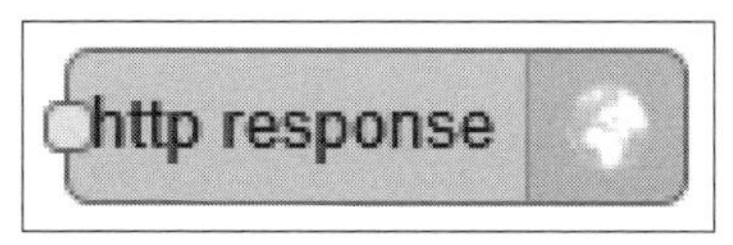


図 3-4-3　http response ノード

＊

これらのノードと「function ノード」を使って、次のような処理の流れを作ります。

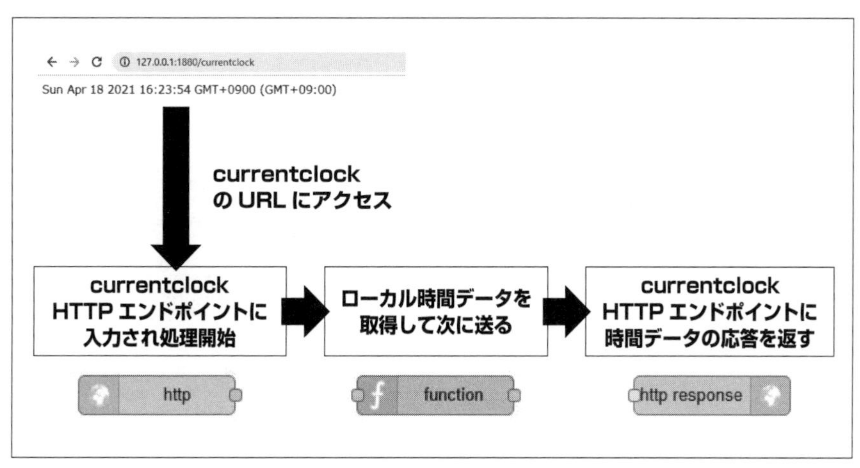


図 3-4-4　ノードごとの役割とデータの流れ

流れに合わせて、次のようにノードを配置し、端子をつなぎます。

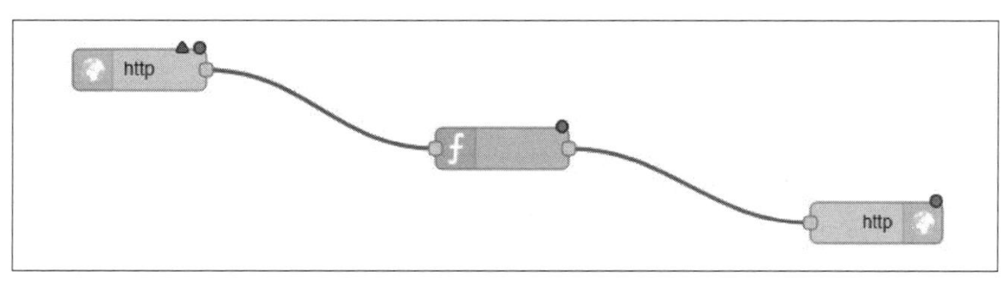


図 3-4-5　プロパティ設定前のフロー

## ■ ノードの設定

続けて、「http ノード」と「function ノード」のプロパティを設定します。

### ●「http ノード」の設定

「http ノード」は、「currentclock」の HTTP エンドポイントにアクセスすると、処理が開始されるように設定します。

表 3-4-1 「http ノード」の設定

| 設定名 | 設定する内容 |
|---|---|
| メソッド | GET |
| URL | /currentclock |

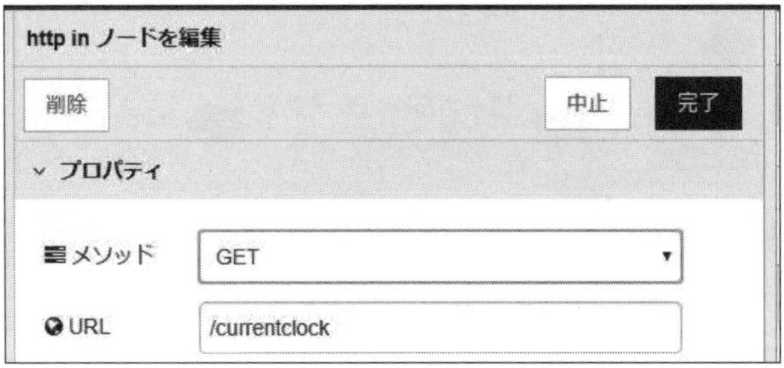

図 3-4-6 「http ノード」の設定

### ●「function ノード」の設定

「function ノード」は、JavaScript でローカル時間の取得を行ない、次の「http response ノード」で返答できるように、「msg.payload」にローカル時間を渡します。

表 3-4-2 「function ノード」の設定

| 設定名 | 設定する内容 |
|---|---|
| 名前 | ローカル時間取得 |

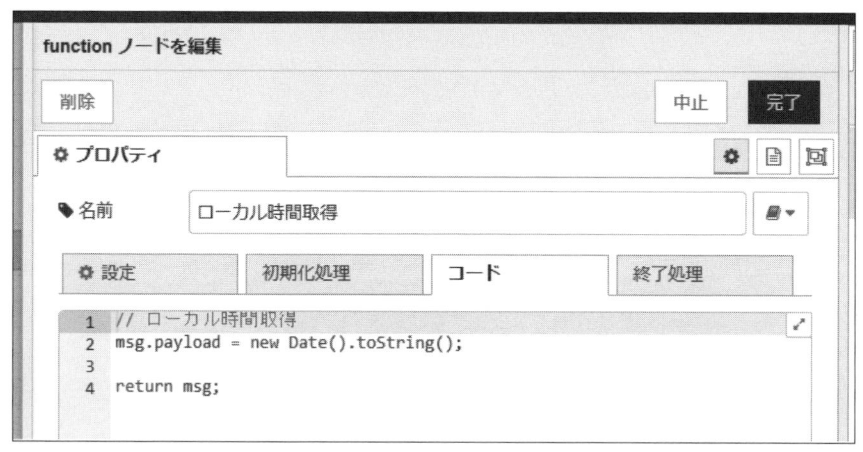


図 3-4-7 「function ノード」の設定

【リスト 3-4-1】ローカル時間を取得するプログラム

```
// ローカル時間取得
msg.payload = new Date().toString();

return msg;
```

### ●「http response ノード」の設定

「http response ノード」については、設定は変える必要はありません。

*

設定が完了したら画面右上の「デプロイ・ボタン」を押して動作可能な状態にします。

これで、フローの準備は完了です。

## ■ フローの動作

ブラウザで「http://localhost:1880/currentclock」にアクセスしてみましょう。

「function ノード」が取得して、「http response ノード」に送ったローカル時間が表示されます。

localhost:1880/currentclock

Fri Feb 26 2021 23:03:24 GMT+0900 (GMT+09:00)

図 3-4-8　ブラウザでアクセスした動作結果

## ■ 見た目を調整する

これだけだと、ただ単純に文字が表示されるだけなので、「template ノード」を追加して、見た目を調整します。

### ● template ノード

「template ノード」は、指定されたテンプレートに基づいてプロパティを設定します。

デフォルトでは、「mustache」というテンプレート形式を使っています。

図 3-4-9　template ノード

**図 3-4-10** は、ここまでのフローに「template ノード」の機能を追加した場合の、データの流れを表わしたものです。

図 3-4-10　「template ノード」を追加した場合の流れ

「function ノード」でローカル時間データを取得して次に送ることは変わらず、「template ノード」がテンプレート HTML に時間データを反映し、「http response ノード」に伝えます。

その結果、「http response ノード」からのブラウザへの返答は、単純な時間データの表示ではなく、テンプレート HTML にローカル時間データを加えた内容になります。

### ●フローに「template ノード」を追加して設定

フローの「http response ノード」を少し右に移動して、パレットから「template ノード」をドラッグ&ドロップして追加しましょう。

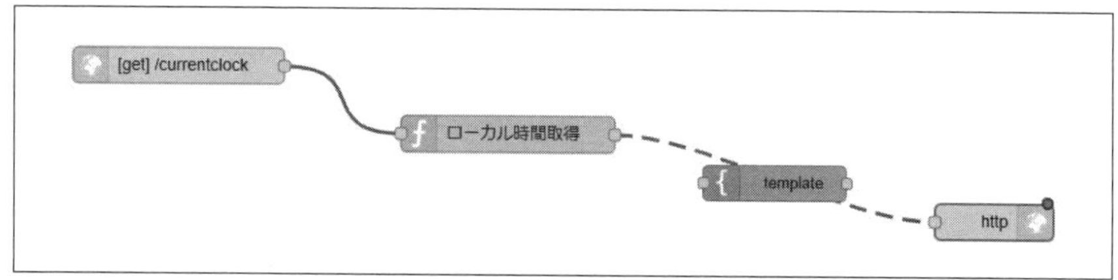


図 3-4-11 「template ノード」を追加

続けて、「template ノード」のプロパティを設定します。

表 3-4-3 「template ノード」の設定

| 設定名 | 設定する内容 |
|---|---|
| 名前 | ローカル時間取得 |

「テンプレート」欄は、次のプログラムを記述してください。

【リスト 3-4-2】テンプレートとなるプログラム

```
<html>
<head>
<title>時間お知らせ</title>
</head>
<body>
```

```
<h1>時間お知らせ</h1>
ただいまの時間は、<b>{{payload}}</b>です！
</body>
</html>
```

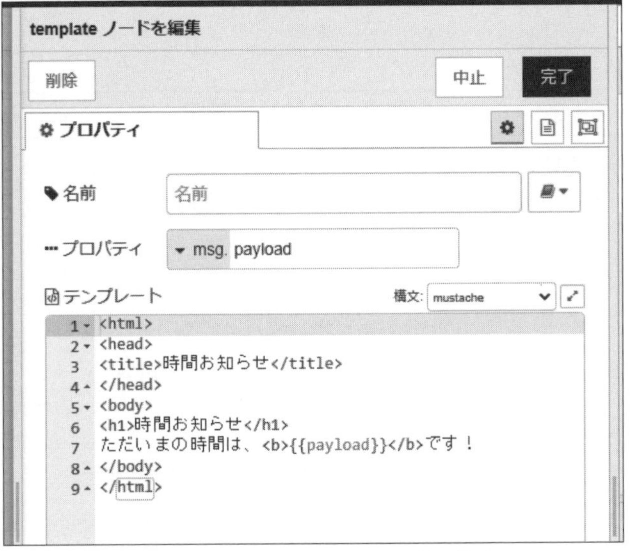


図 3-4-12 「template ノード」の設定

「template ノード」は、この設定でテンプレート HTML を作り、「function ノード」から受け取った時間データは「{{payload}}」に反映された上で「太字装飾」を行ないます。

また、その他にも「H1 タグ」「TITLE タグ」で、見出しやタイトルを指定しています。

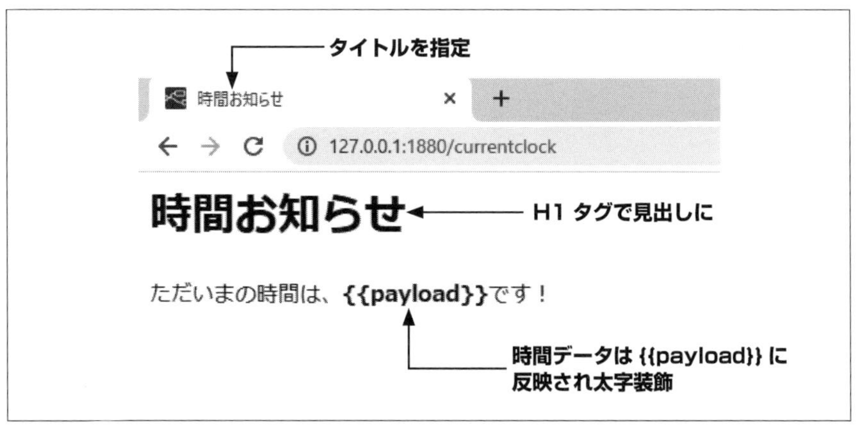


図 3-4-13 「HTML テンプレートの装飾」や「時間データ」が反映されるレイアウト

*

設定が完了したら、「デプロイ・ボタン」を押して、動作可能な状態にします。
これでフローの準備は完了です。

### ●ブラウザでの実行結果

ブラウザで「http://localhost:1880/currentclock」にアクセスして動作してみましょう。

「template ノード」で、テンプレート HTML にローカル時間データを加えた内容が表示されます。

図 3-4-14 ブラウザでアクセスした動作結果

# 3.5 フローの「エクスポート」と「インポート」

## ■ エクスポート（書き出し）

「エクスポート」（書き出し）を行なうには、まず書き出したいフローをマウスでドラッグして、範囲選択します。

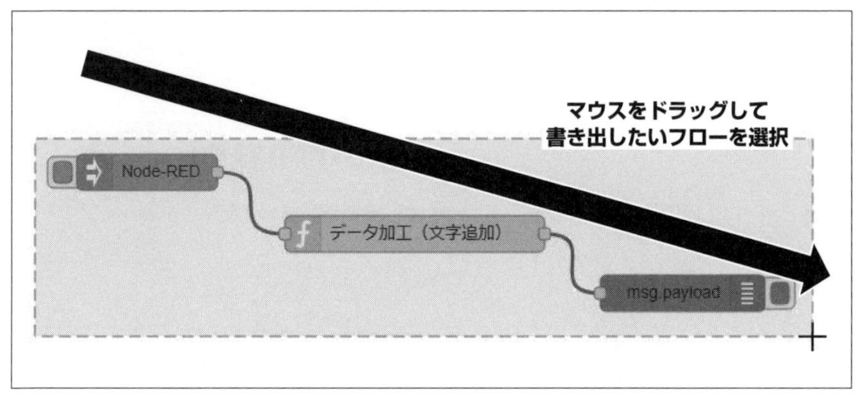


図 3-5-1　マウスでドラッグ書き出したいフローを選択する図

そして右上のメニューから、「書き出し」→「クリップボード」を選択します。

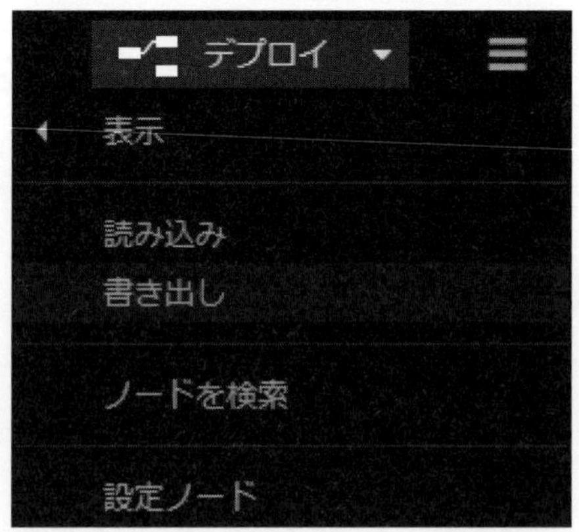


図 3-5-2　メニューから書き出し操作を行なう

フローを「クリップボード」に書き出すウィンドウが現われるので、選択したフローが「JSON データ」としてテキストエリアに表示されているのを確認したら、「書き出しボタン」を押します。

これで、クリップボードに自動でコピーされます。

図 3-5-3　フローを「クリップボード」に書き出す

コピーした「JSON データ」は、テキストエディタから適当なファイル名で保存しておきます。

例では、「node-red.json」で保存しました。

図 3-5-4　「node-red.json」というファイル名で保存

## ■ クリップボードから「インポート」(読み込み)

「インポート」(読み込み)の操作は、右上のメニューから「読み込み」→「クリップボード」を選択します。

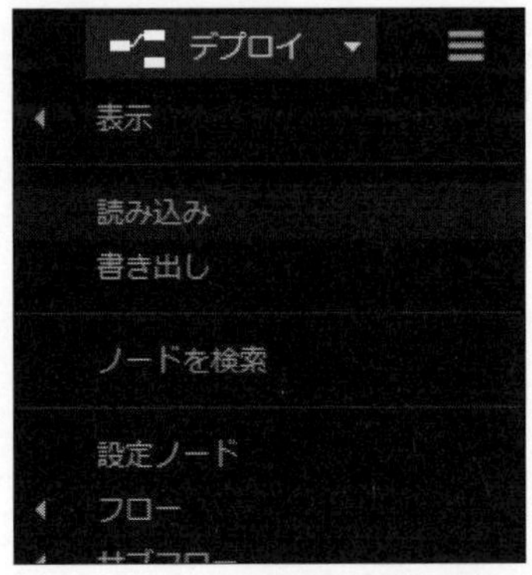


図3-5-5 メニューから読み込み操作を行なう

フローを「クリップボード」から読み込むウィンドウが現われるので、テキストエリアにフローのデータ(JSONデータ)を貼り付けます。

先ほど保存した「node-red.json」の内容をコピー&ペーストしてみましょう。

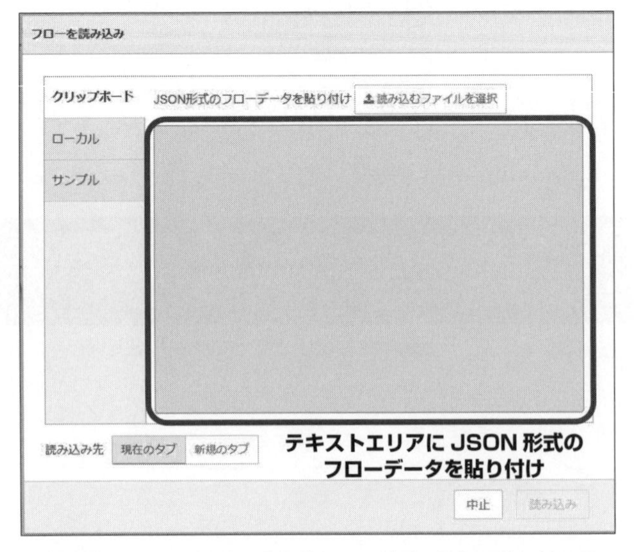


図3-5-6 JSONデータを「クリップボード」に貼り付ける

正しくデータが貼り付けられると、「読み込みボタン」がアクティブになるので、ボタンをクリックします。

図 3-5-7 「読み込みボタン」がアクティブになる

すると、読み込んだ「フロー・データ」がマウスに追従する形で表示され、適当な場所でクリックすると配置できます。

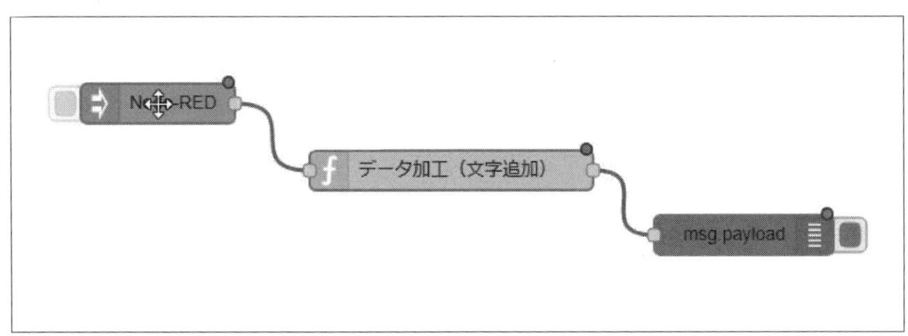


図 3-5-8 読み込んだ「フロー・データ」が表示される

これで、データの読み込みは完了です。

## ■ ドラッグ＆ドロップで読み込み

「バージョン0.17」からは、ファイルをワークエリアに直接ドラッグ＆ドロップすることで「フロー・データ」の読み込みができるようになり、より使いやすくなりました。

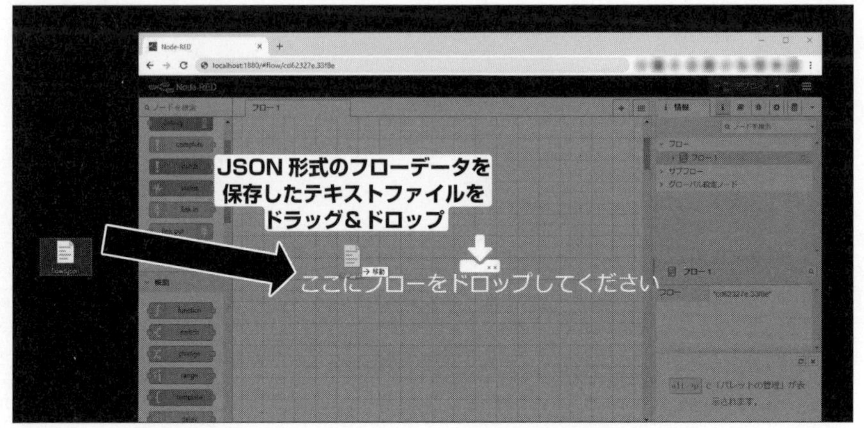


図3-5-9 「node-red.json」を直接ドラッグ＆ドロップ

クリップボードから読み込んだときと同じく、「フロー・データ」がマウスに追従する形で表示されるので、クリックして配置しましょう。

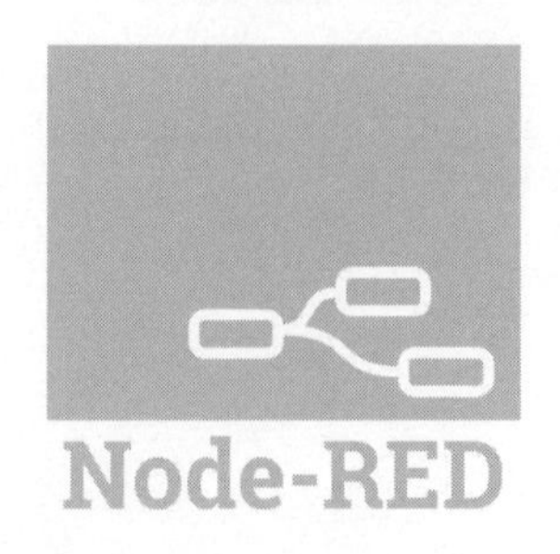

# 第4章

# 「便利なノード」を追加して使う

この章では、「便利なノード」や「ノードの使用例」を探す方法を紹介します。

また、「Node-RED」に標準搭載されているノードの中から、使用頻度が特に高いものをピックアップして、実際の使い方を解説します。

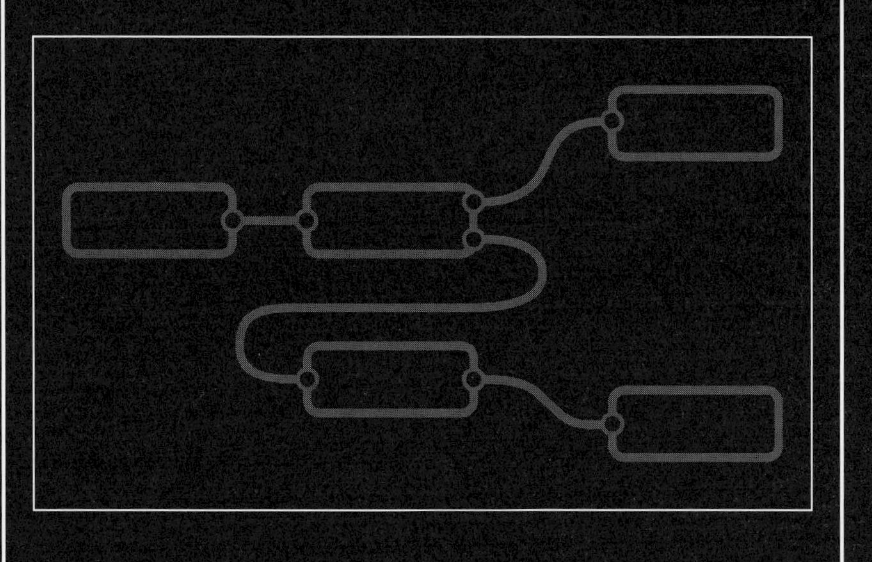

# 4.1 「ノード」の追加

## ■「ノード」を見つける

「Node-RED」で制作するにつれて、「こんな処理をしてくれるノードがないか」とか「特定のデータをやり取りしてくれるノードがほしい」などと思うこともあるでしょう。

そういうときには、「Node-RED ライブラリ検索」や「npm リポジトリ」で、用途に合ったノードを探すことができます。

## ■ Node-RED ライブラリ検索

「Node-RED ライブラリ検索」(http://flows.nodered.org/) を使って、OS のさまざまな情報を取得する「node-red-contrib-os ノード」を追加してみましょう。

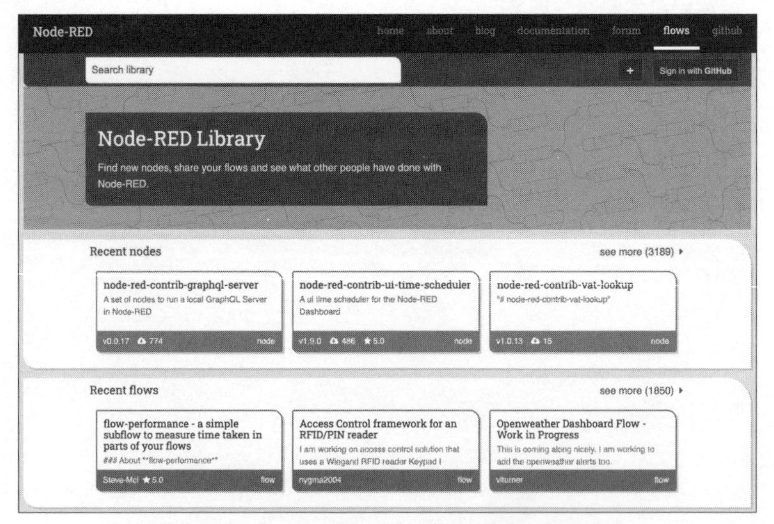


図 4-1-1 「Node-RED ライブラリ検索」のページ

検索テキストエリアに「node-red-contrib-os」と入力すると、候補のノード一覧が表示されます。

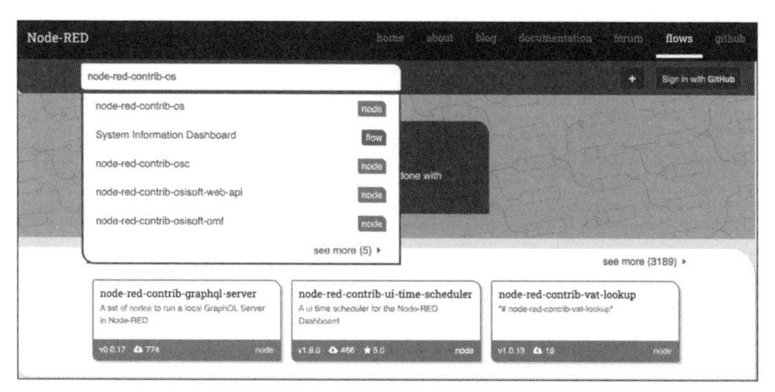


図 4-1-2 「node-red-contrib-os」で検索

該当のノードを探してクリックすると、ライブラリの詳細ページが表示されます。

どんなノードが追加されるか、「npm ライブラリ」の名前やノードの使い方など、さまざまな情報があります。

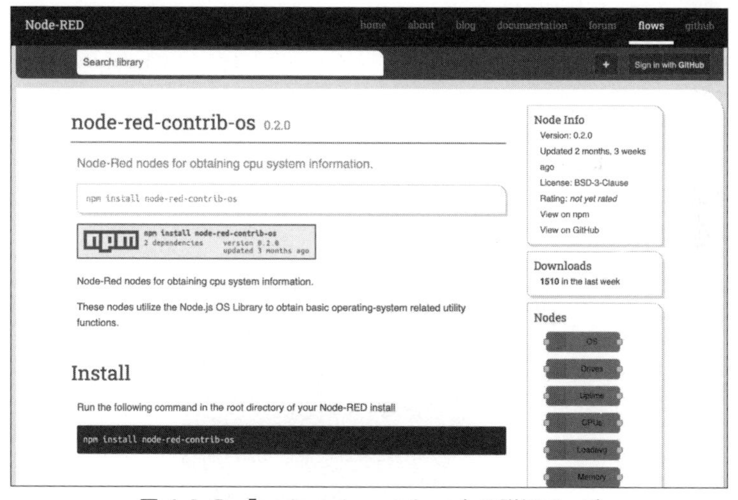


図 4-1-3 「node-red-contrib-os」の詳細ページ

ここでは名前が分かっているので問題ありませんが、追加したい機能をもつノードが見つかったら、名前をメモしておくようにしましょう（この後の作業で使います）。

## ■エディタでノードを追加

「Node-RED」を起動し、右上の「メニュー・ボタン」(漢字の三のような形のボタン)をクリックして操作を始めます。

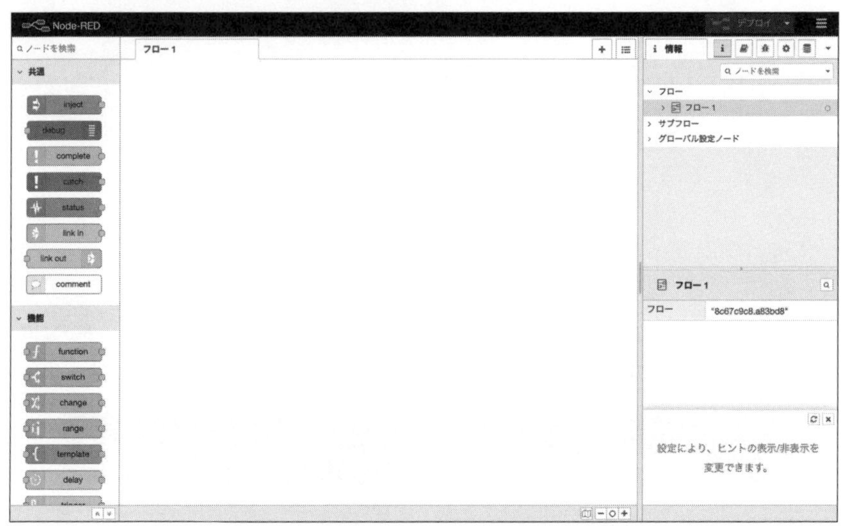

図4-1-4 右上の「メニュー・ボタン」を選択

[1] メニューから「パレットの管理」をクリック。

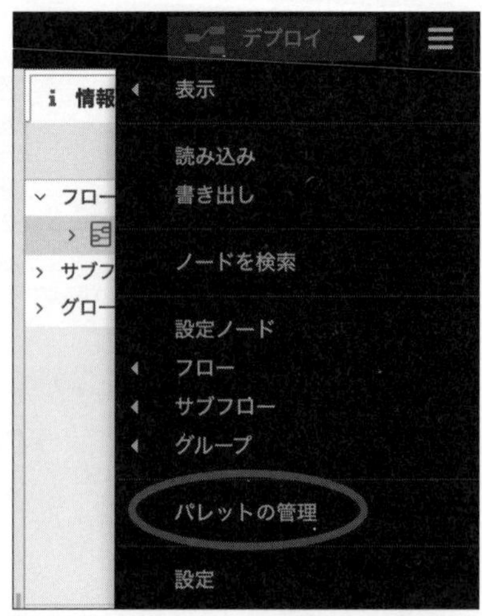


図4-1-5 「パレットの管理」をクリック

[2] 設定ウィンドウが表示されるので、「ノードを追加」タブをクリック。

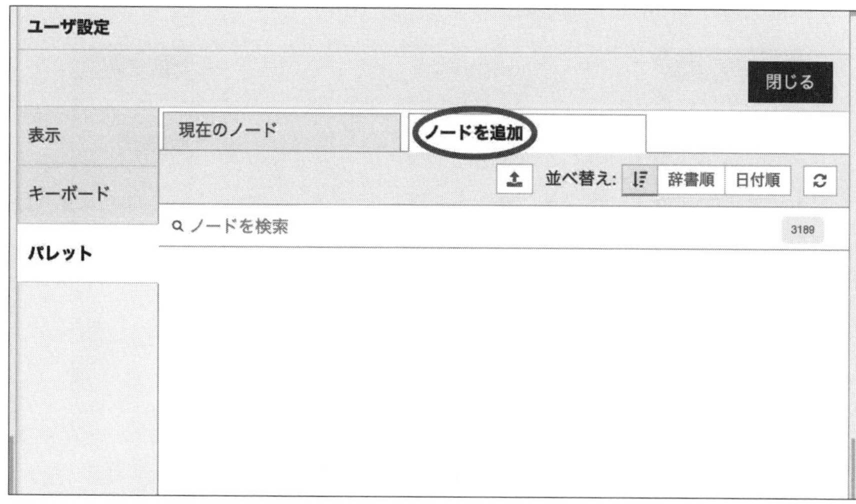


図 4-1-6 「ノードを追加」タブをクリック

[3] ノードを検索するテキストエリアに、「node-red-contrib-os」と入力。
検索結果にノードが表示されたら、「ノード追加ボタン」をクリック。

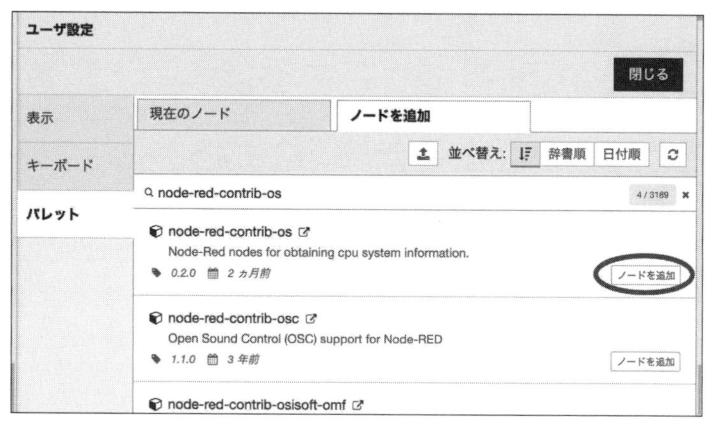


図 4-1-7 「node-red-contrib-os」を検索

[4] しばらく待つと、上部に「ノードをパレットへ追加しました」とメッセージが表示され、インストールが完了。

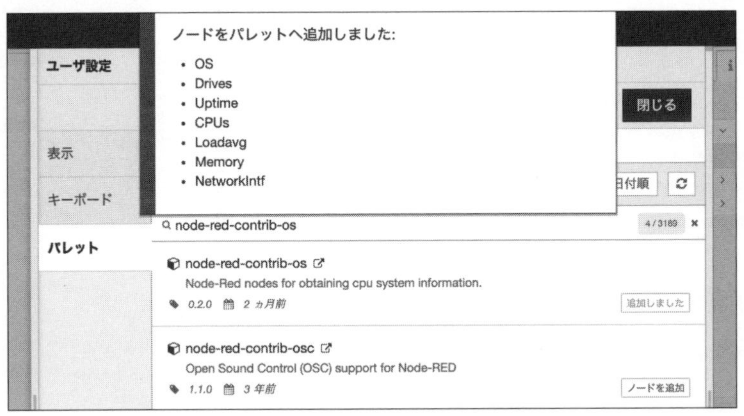


図 4-1-8　インストール完了時の通知

[5] 左のパレットに、「Operating System」というノード群が表示されます。

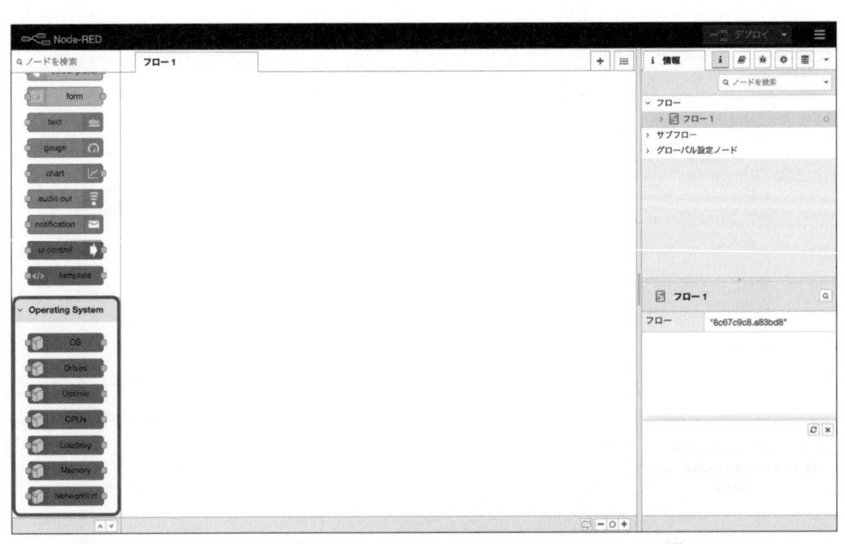


図 4-1-9　追加された「Operating System」ノード群

---

これでインストールは完了です。

## column 「フロー・サンプル」も見てみる

「Node-RED ライブラリ検索」のライブラリの詳細ページには、「フロー・サンプル」が用意されている場合もあります。

**図 4-1-10** は、「aws」というキーワードの検索結果で出てきたフローを、試しに 1 つ開いてみたところです。

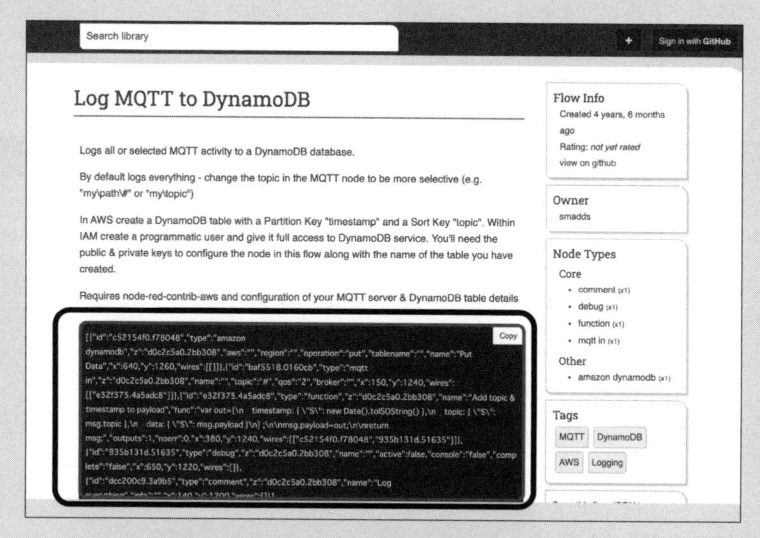


図 4-1-10 「フロー・サンプル」詳細ページ

ノードの使い方を知る近道は、「フロー・サンプル」を自分の Node-RED 環境にインポートして、実際に動かしてみることです。

**図 4-1-10** の枠で囲んだ部分の「JSON データ」をインポートすることで、「フロー・サンプル」が再現できます。

「フロー・サンプル」ページ以外にも、ノードの「READ.ME」などでこのような「フローの定義」(JSON データ) が公開されていることが多くあります。

自分で作る前に、一度こういったところでサンプルがないかを確認してみるといいでしょう。

## ■「npm パッケージ・マネージャ」でノードを追加

従来のノード追加の手順として、「npm パッケージ・マネージャ」でノードを追加する方法もあります。

---

**[1] 2-2 節**で解説した、「Node-RED のユーザー・ディレクトリ」に移動。

Windows に Node-RED をインストールした場合は適宜読み替えて対応しましょう。

【リスト 4-1-1】「Linux/Mac」の場合のフォルダ移動

```
cd $HOME/.node-red
```

**[2]** フォルダに移動したら、「npm install <npm-package-name>」と入力。

「<npm-package-name>」には、インストールしたい「パッケージ名」を入力してください。

**[3]**「パッケージ名」の探し方は、エディタでの追加と同じです。

今回は「node-red-contrib-os ノード」を追加するコマンドなので、以下のようになります。

【リスト 4-1-2】「node-red-contrib-os ノード」を追加するコマンド

```
npm install node-red-contrib-os
```

---

インストールが終わったら、新しくインストールしたノードを反映させるために、「Node-RED」を再起動してください。

# 4.2 change ノード

## ■ フローを流れるデータ

「change ノードを制すものが Node-RED を制す」…と言ったらちょっと大げさですが、「change ノード」を使うと、コーディングを極力減らすことができます。

これによって、分かりやすく再利用しやすいフローを作ることができるからです。

*

念のため、フローを流れるデータがどのようなものか、復習しましょう。

ワークスペースに、「inject ノード」と「debug ノード」を配置します。

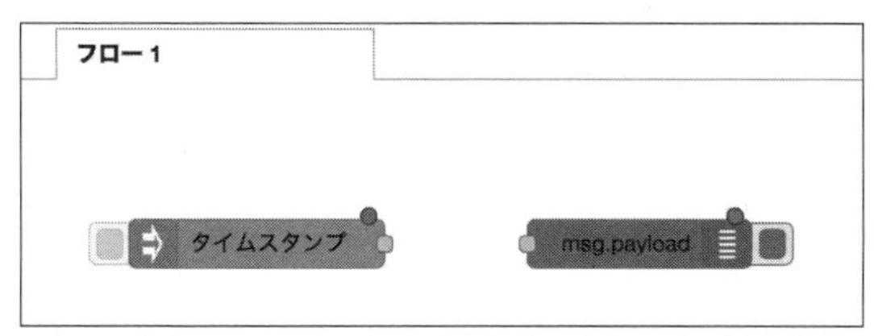


図 4-2-1 「inject ノード」と「debug ノード」をワークスペースに配置

そして、「inject ノード」のプロパティを開き、「ペイロード」に「ペイロード」という文字列データを設定してみます。

図 4-2-2 「inject ノード」で「ペイロード」文字列データを入力する設定

次に、ワークスペースに「debug ノード」を配置して、「対象」を「msg オブジェクト全体」にします。

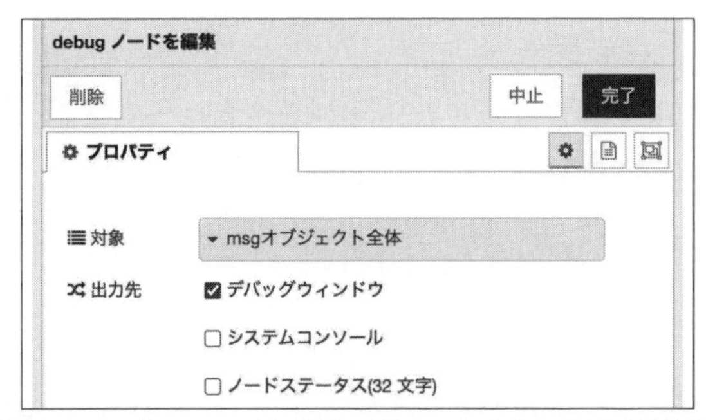


図 4-2-3 「debug ノード」で「msg」全体を表示する設定

2 つのノードを線でつないで、「inject ノード」のボタンをクリックすると、デバッグ・ウィンドウに「msg」全体の内容が表示されます。

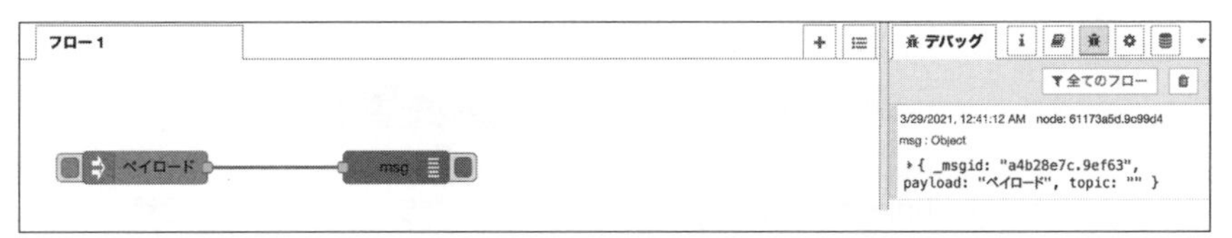


図 4-2-4 デバッグ・ウィンドウに「msg」全体が表示される

これで、フローを流れるデータが、基本的に以下のような構造になっていることが理解できます。

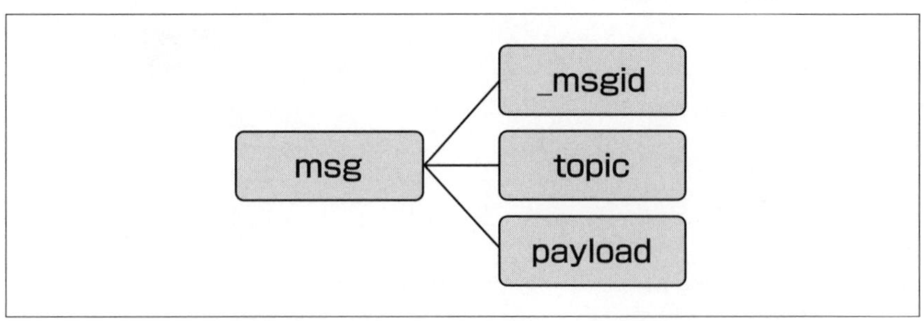


図 4-2-5 「msg」の構造を表わした概念図

## ■ 値の代入

次のように、「inject ノード」と「debug ノード」の中間に、「change ノード」を配置しましょう。

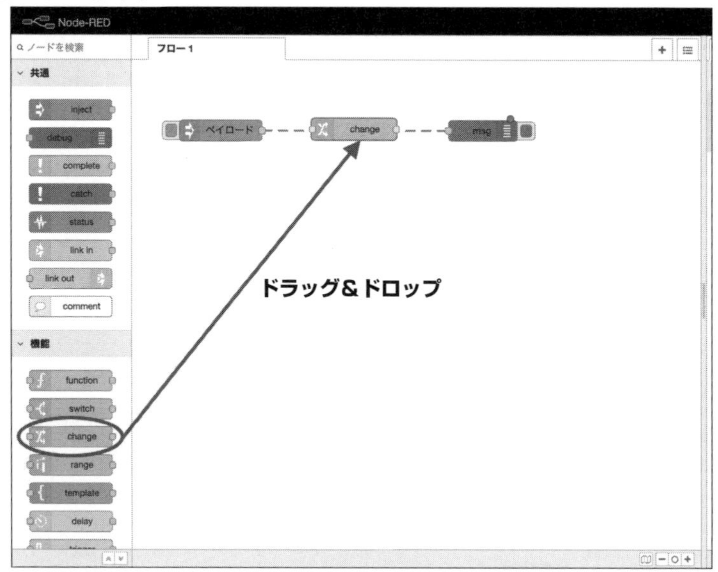


図 4-2-6 「change ノード」の配置

次に、「change ノード」を次のように設定してみてください。

change ノードを編集
削除　中止　完了
プロパティ
名前　名前
ルール
値の代入　msg. payload
対象の値　ペイロール

図 4-2-7 「値の代入」の設定

これでフローを実行すると、以下のように「msg.payload」の内容が「ペイロード」という文字列から「ペイロール」という文字列に書き換わりました。

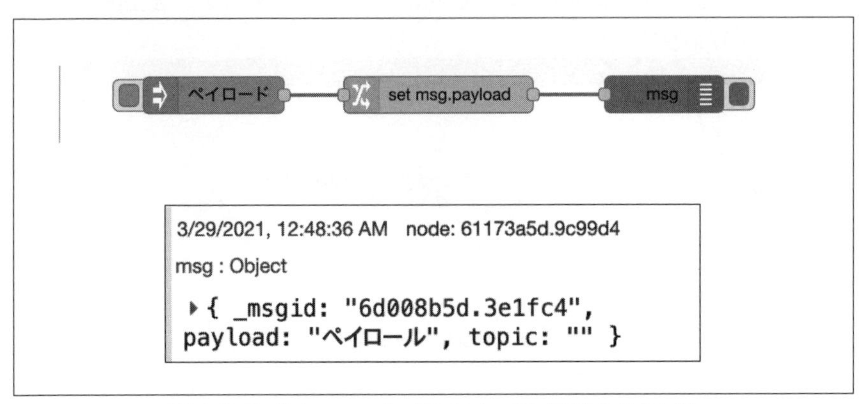


図4-2-8 「change ノード」によって書き換えられた値

つまり、「値の代入」は、値の代入先に「対象の値」で指定した値を代入する働きをもちます。

change ノードを編集
削除 中止 完了
プロパティ
名前 名前
ルール
値の代入 msg. payload
対象の値 ペイロール

図4-2-9 「change ノード」の「値の代入」設定

＊

なお、「値の代入」の右にある「▼マーク」をクリックすると、「値の移動」「値の置換」「値の削除」などの項目を選択できます。

これらの詳細については、後述していきます。

### ●「値の代入」を試す

試しに、**図 4-2-10** のように設定すると、「msg.payload」が「msg._msgid」の値に書き換わるはずです。

図 4-2-10 「msg.payload」を「msg._msgid」に置き換える設定

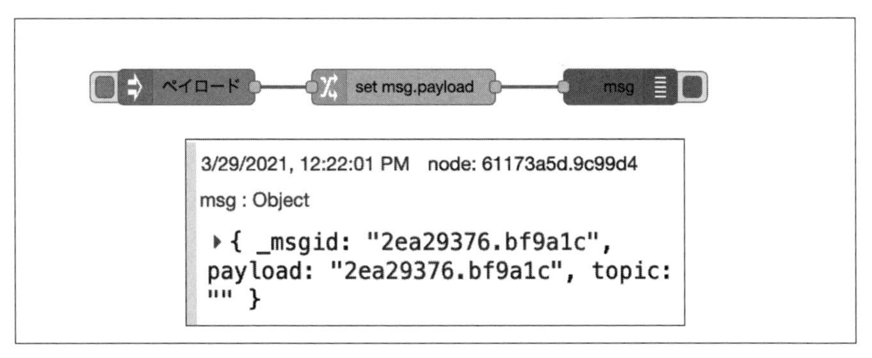


図 4-2-11 「msg.payload」が「msg._msgid」に書き換えられた

### ●新規のプロパティを作る

新しいプロパティを作ることも可能です。

次のように、「値の代入」の対象を「存在しないプロパティ」に設定してみてください。

図 4-2-12　書き換え対象に「存在しないプロパティ」を指定

すると、新しく「msg.new_property」というプロパティが作られ、「msg.payload」の値である「ペイロード」という文字列がセットされます。

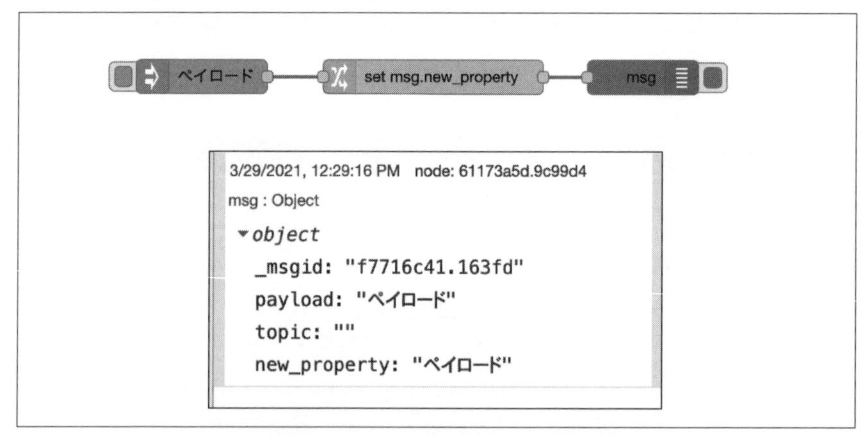


図 4-2-13　新しいプロパティが作成された

## ■ 値の移動

「値の代入」の場合は「書き換え元」のデータは残りますが、「値の移動」は「書き換え元」に値が残らない、という特徴をもっています（値自体を、「書き換え先」に移動するイメージ）。

ただ、ややこしいのが、設定画面上で「書き換え元」と「書き換え先」が上下反転することです。

この点には、注意してください。

図 4-2-14 "「Move」の設定" を "「値の移動」の設定" に変更

「値の移動」設定でフローを実行すると、**図 4-2-15** のように「書き換え元」の値は消滅し、「書き換え先」に移動します。

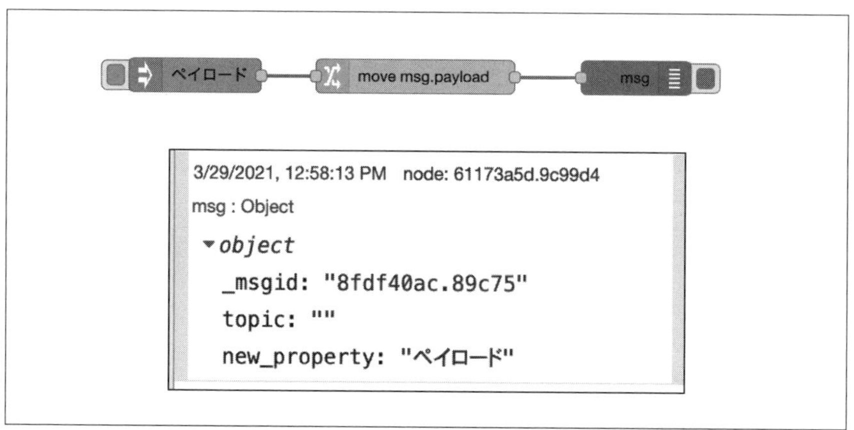


図 4-2-15 「書き換え元」の値が消滅して、「書き換え先」へ移動した

## ■ 値の置換

次に、「値の移動」から「値の置換」に変更して、**図 4-2-15** のように設定してみましょう。

change ノードを編集

削除　中止　完了

プロパティ

名前　名前

ルール

値の置換　msg. payload

検索する文字列　ロード

置換後の文字列　ロール

図 4-2-16 「値の置換」の設定

すると、「msg.payload」の値である「ペイロード」の「ロード」と指定した文字列部分が「ロール」に置き換えられます。

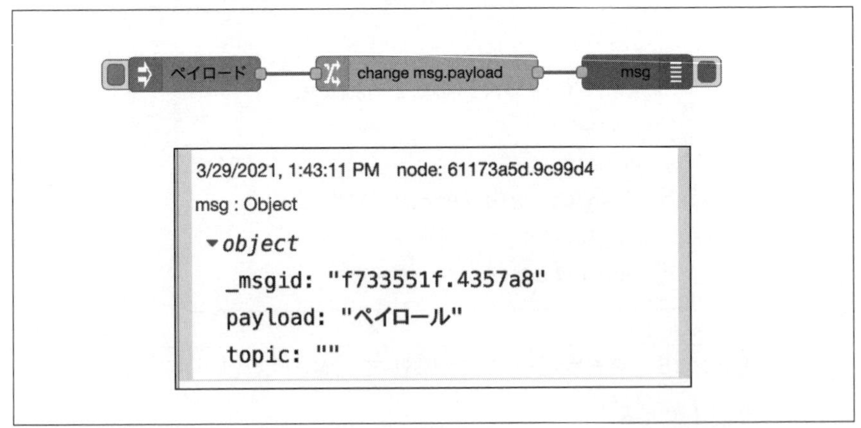


図 4-2-17 「msg.payload」の「ロード」が、「ロール」に置き換えられた

### ●再帰的な置換

**図 4-2-18** のように、「msg.payload」の値を「ペイロードロード」にすると、「ペイロールロール」に置き換わります。

つまり、デフォルトで再帰的な置換（置き換え対象の文字列が出現するたびに変換を行なうこと）が可能になっています。

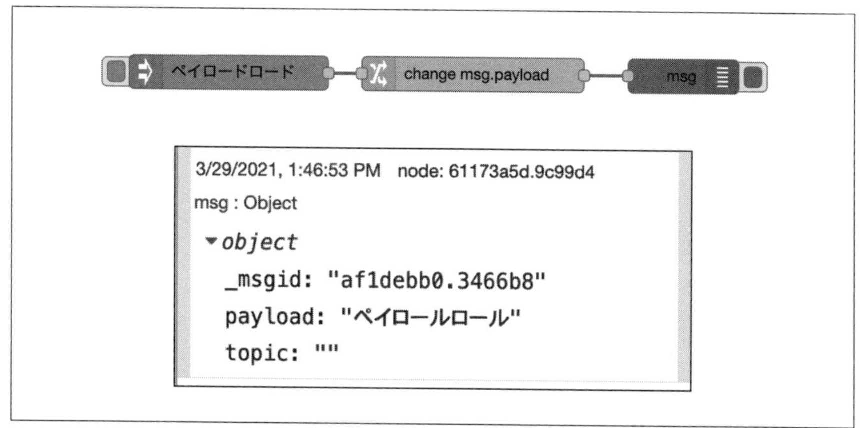


図 4-2-18　デフォルトで再帰的な置き換えが行なわれる

## ■ 値の削除

続いて「値の削除」です。**図 4-2-19** のように設定してみましょう。

図 4-2-19　「値の削除」の設定

すると、「msg.payload」プロパティ自体が消滅します。

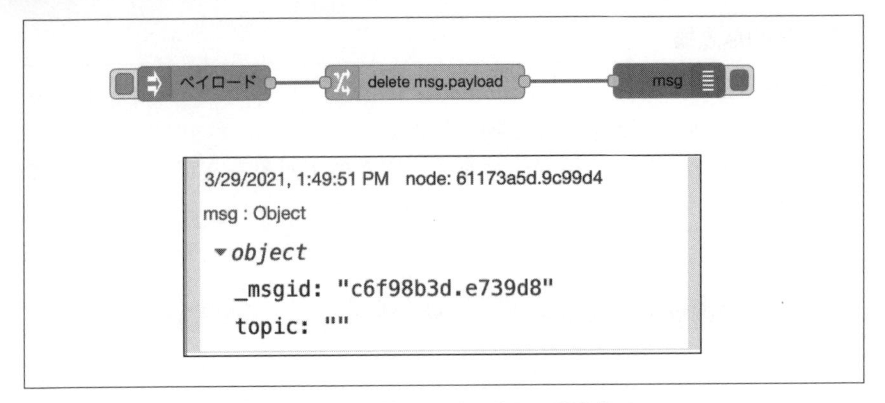


図 4-2-20　指定したプロパティが消滅した

## ■ 複数の処理を指定する

「change ノード」を使って、複数の処理を動かしてみましょう。

＊

次のように、「値の代入」設定をします。

change ノードを編集
削除　中止　完了
プロパティ
名前　名前
ルール
値の代入　msg. aaa.bbb
対象の値　msg. payload

図 4-2-21　「値の代入」の設定

これで、「msg.payload」の値が「msg.aaa.bbb」にセットされます。

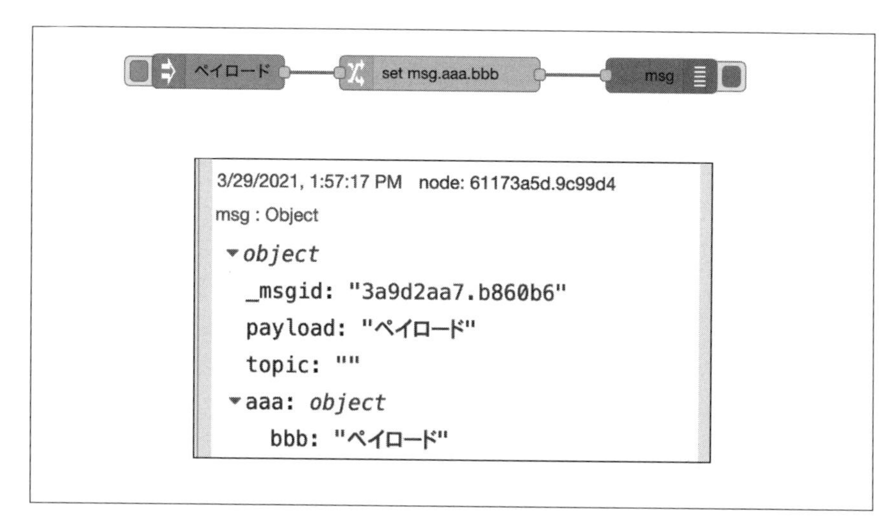


図 4-2-22 「msg.payload」の値が、「msg.aaa.bbb」にセットされた

続いて、「値の代入」の設定をした「change ノード」の後ろに、新しい「change ノード」と「debug ノード」を配置します。

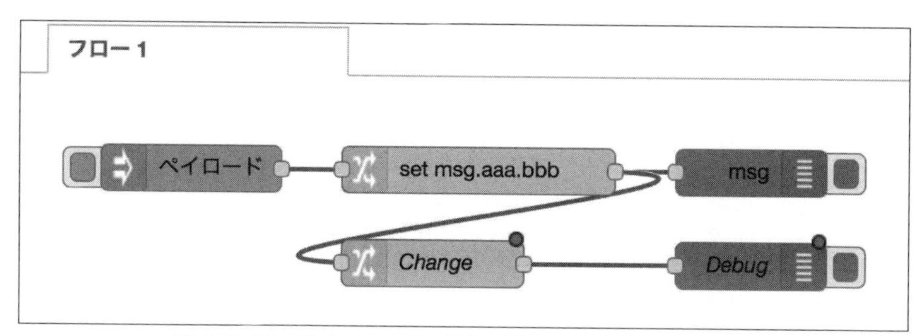


図 4-2-23 「change ノード」と「debug ノード」を追加

そして、次のように「値の置換」の設定を行ないます。

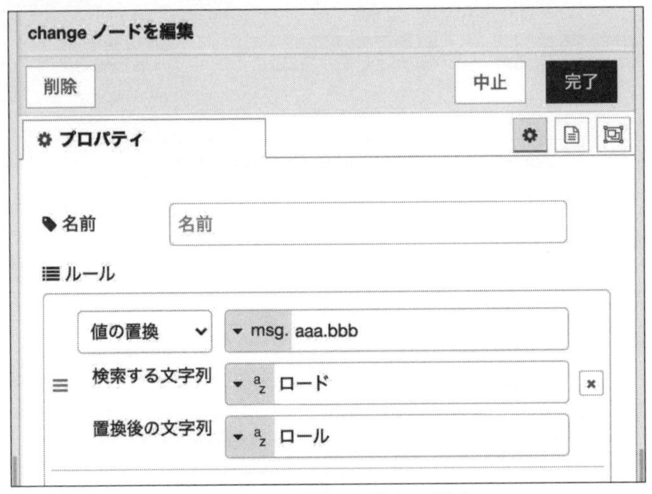


図 4-2-24 「値の置換」の設定

「debug ノード」は、すでに配置している「debug ノード」と同様に、「対象」を「msg オブジェクト全体」に設定しましょう。

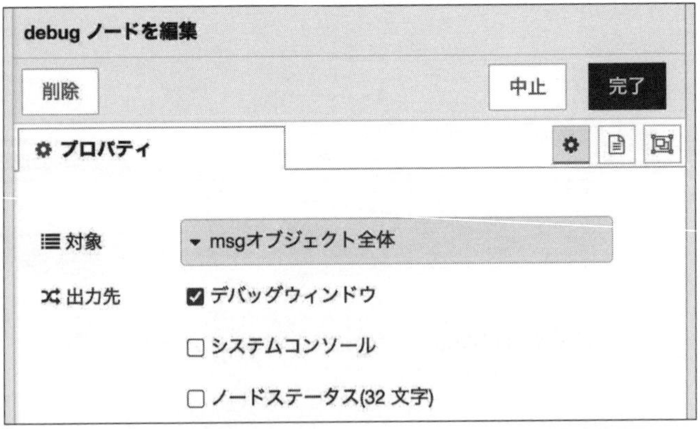


図 4-2-25 「debug ノード」で「msg」全体を表示する設定

このフローを実行すると、**図 4-2-26** のように、(a)「値の代入」を設定した「change ノード」だけを通過した結果と、(b)「値の置換」を設定した「change ノード」も通過した、2 つの結果が得られます。

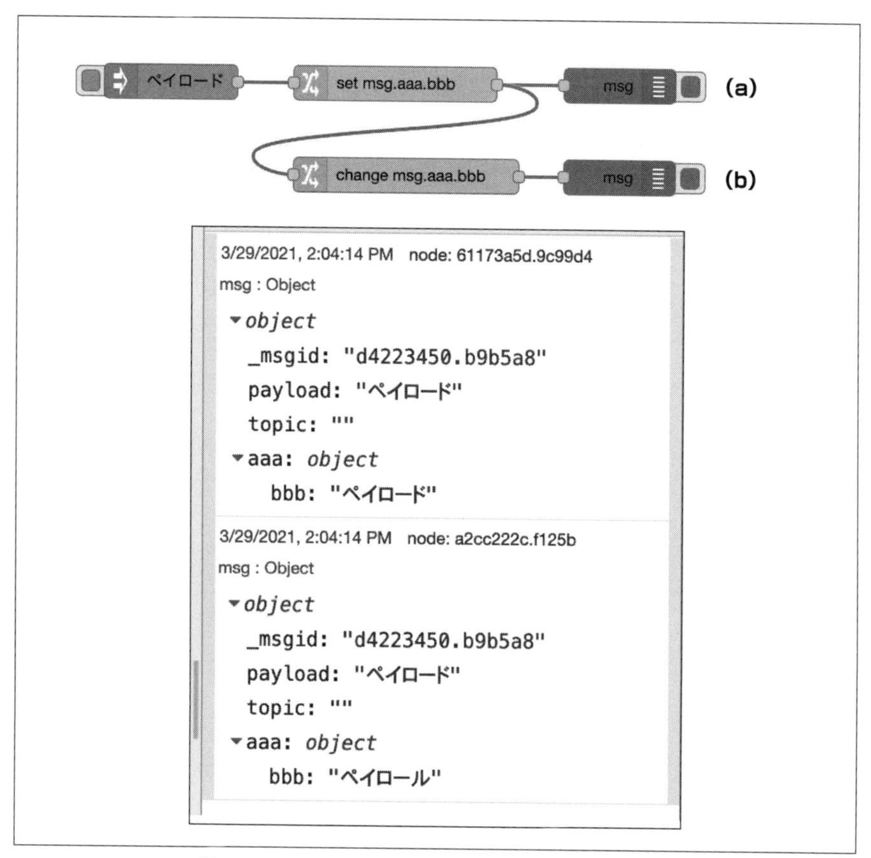


図 4-2-26　各「change ノード」を通過した結果

## ●1つのノードに複数のルールを設定して、処理をまとめる

各ノードを通過したデータがほしい場合は、前述のように設定しますが、「値の代入」→「値の置換」の処理結果だけがほしい場合は、次のように複数のルールを1つの「change ノード」にまとめて設定します。

図 4-2-27 「change ノード」の複数ルール設定

処理の順序は、設定の上から下の順に実行されます。
ここでの実行結果は、**図 4-2-28** のようになります。

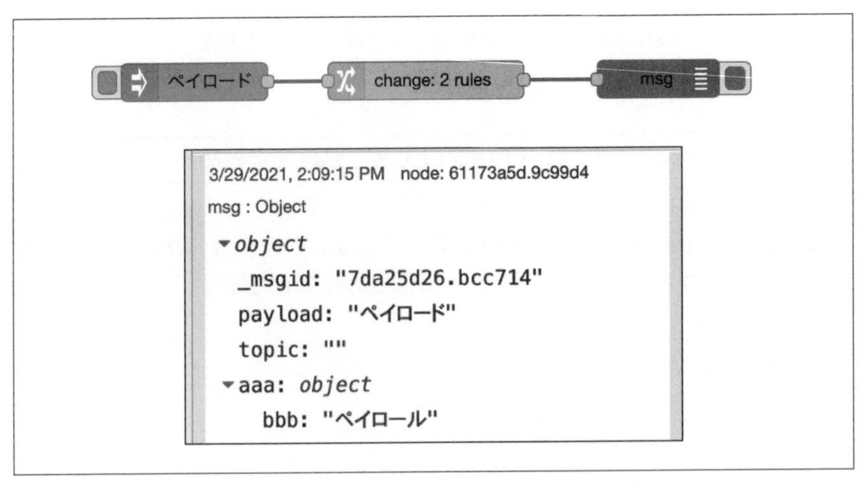


図 4-2-28 複数のルール設定を実行した結果

＊

「change ノード」を使うと、データの変換や加工など、多くのことが実現できます。

「function ノード」でプロパティや文字列の操作を行なう必要が出てくる場合は、まず「change ノード」で処理を実現できないか、試してみましょう。

## 4.3 split/join ノード

### ■ split ノード

「split ノード」は、「配列」「文字列」「オブジェクト型」のメッセージを分割する機能をもっています。

#### ●メッセージが「配列」の場合

まず、ワークスペースに「inject ノード」と「split ノード」と「debug ノード」を配置します。

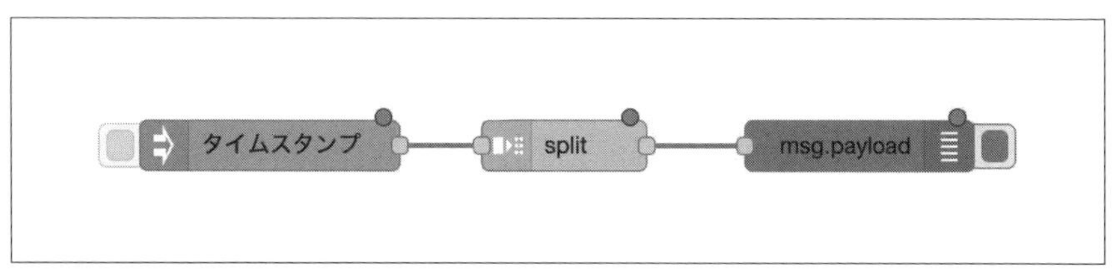


図 4-3-1 「inject ノード」と「split ノード」と「debug ノード」を配置

このフローに「配列値」を流すには、**図 4-3-2** のように「inject ノード」の「ペイロード」で「JSON 型」を選択し、値を「[1,2,3]」というように設定します。

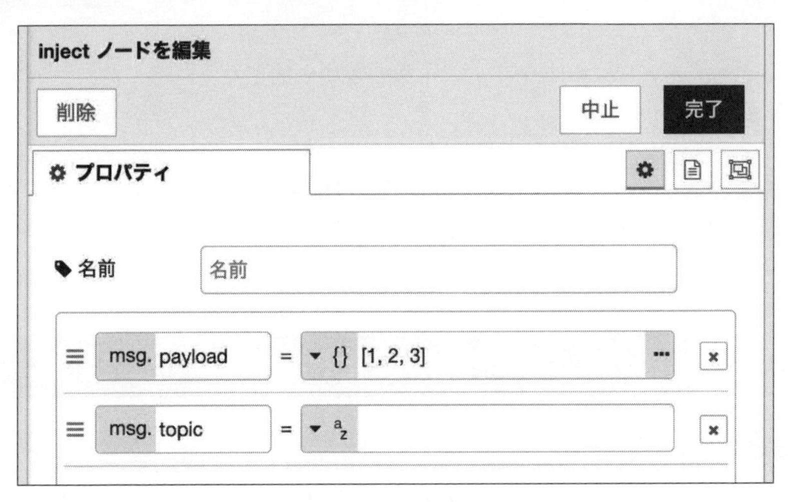


図 4-3-2 「inject ノード」で「配列値」を入力する設定

メッセージが「配列」の場合、「split ノード」は何も設定しなくても、「配列」の各要素に分解されます。

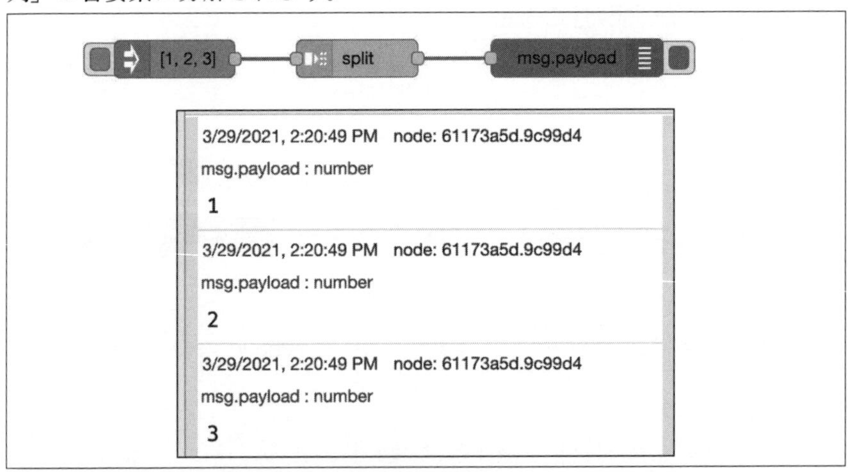


図 4-3-3 「split ノード」で「配列」メッセージを分割した結果

### ●メッセージが「文字列」の場合

まず、フローに「文字列値」を流すには、「inject ノード」の「ペイロード」で「文字列」型を選択し、値を「1:2:3」というように設定します。

図 4-3-4 「inject ノード」で「文字列値」を入力する設定

「split ノード」は「配列」だけでなく「文字列」も分割できますが、何を目印に分割するかの設定が必要になります。

**図 4-3-5** は、「:」(コロン) を設定したところです (デフォルトは改行コード)。

図 4-3-5 「:」で「文字列」を分割する設定

これで、この「split ノード」に「1:2:3」という文字列を渡すと、「:」(コロン) を分割文字として、各要素のメッセージに分割されます。

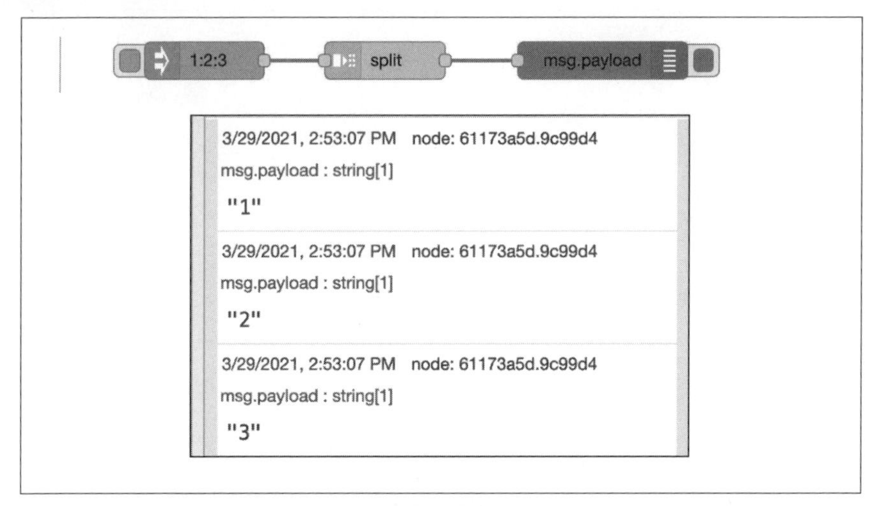


図4-3-6 「splitノード」で「文字列」メッセージを分割した結果

## ●メッセージが「オブジェクト」の場合

まずは、**図4-3-7**のように「injectノード」を設定しましょう。

図4-3-7 「injectノード」で「JSONオブジェクト」を生成する設定

「オブジェクト」メッセージの場合は、「splitノード」側の設定は不要で、そのまま「splitノード」にメッセージを流すと、分割されます。

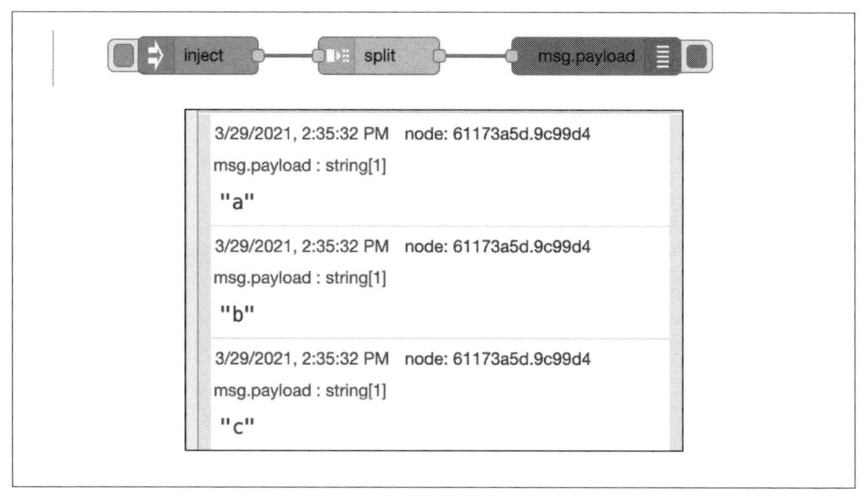


図 4-3-8 「split ノード」で「オブジェクト」メッセージを分割した結果

## ■ join ノード

「join ノード」は「split ノード」で分割したメッセージを結合する機能をもちます。

### ●分割した「配列」を、「配列」として結合する場合

「配列」メッセージを「split ノード」で分割した後、後続処理で「配列」として結合できます。

これは、**図 4-3-9** のように、後続に何も設定しない「join ノード」を配置するだけです。

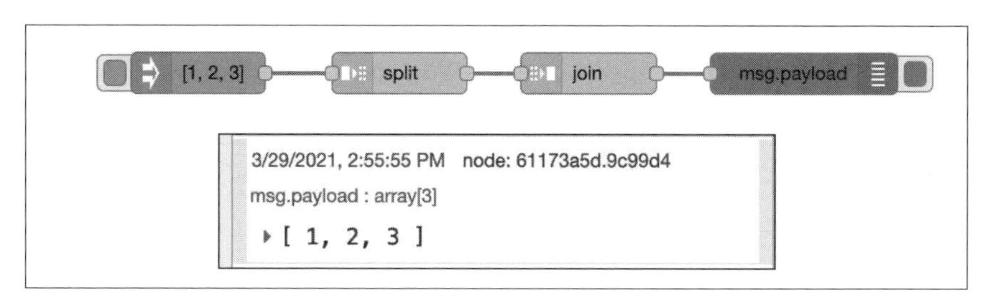


図 4-3-9 「join ノード」で「配列」として結合した結果

### ●分割した「配列」を、「文字列」として結合する場合

「配列」だけでなく、「文字列」としても結合できます。

**図4-3-10**のように、「joinノード」を設定してみましょう。

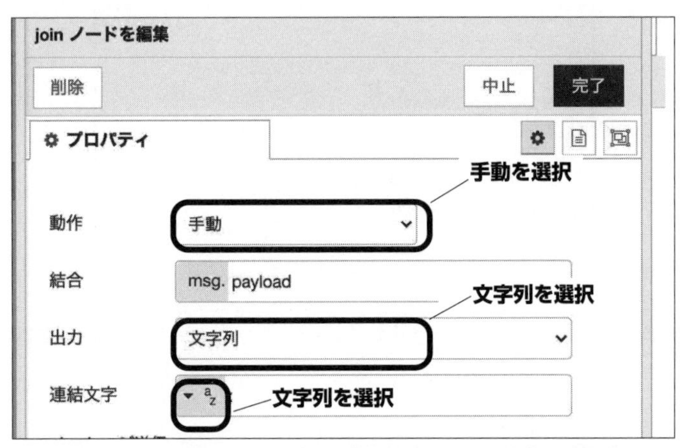


図4-3-10 「joinノード」で「文字列」として結合する設定

これで、分割された「配列」メッセージを、「文字列」として結合できました。

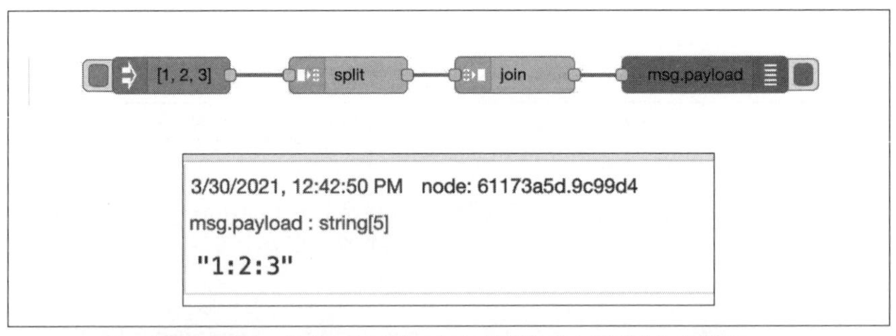


図4-3-11 「joinノード」で「文字列」として結合した結果

### ●分割した「配列」を、「オブジェクト」として結合する場合

「配列」メッセージを「オブジェクト」として結合するには、「key」というものが必要になります。

「key」は「splitノード」で分割した後に、「msg.parts.key」など（任意で他のプロパティでもよい）に指定します。

＊

まずは、**図 4-3-12** のように、「split ノード」の後に「template ノード」を配置します。

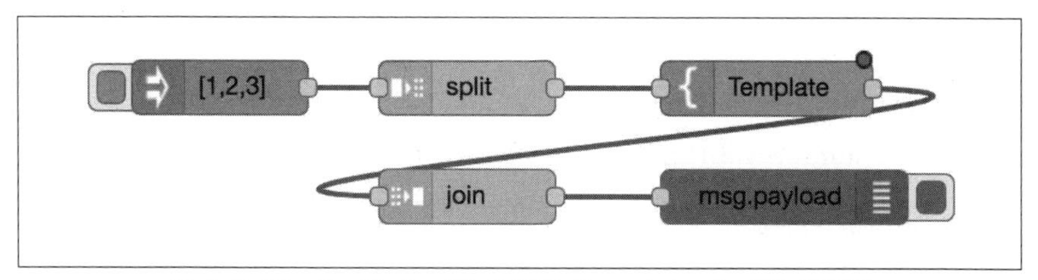


図 4-3-12 「split ノード」の後に「template ノード」を配置

追加した「template ノード」は、**図 4-3-13** のように設定します。

図 4-3-13 「template ノード」で動的な「key」を生成する設定

「msg.parts.index」には、分割されたタイミングで「配列の要素番号」がセットされています。

もちろん、この番号を「key」としてもいいのですが、何か任意の名前を付ける場合は、**図 4-3-13** のように「val」という文字列と連結します。

これで「val0, val1, val2…」というように、「key」が要素の数だけ生成されるようになります。

＊

最後に、「join ノード」を**図 4-3-14** のように設定します。

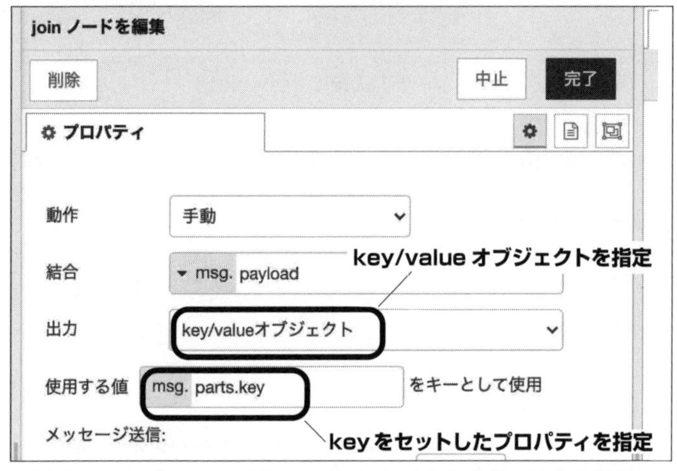


図 4-3-14 「join ノード」で「オブジェクト」として結合する設定

これを実行すると、**図 4-3-15** のように「オブジェクト」として結合されます。

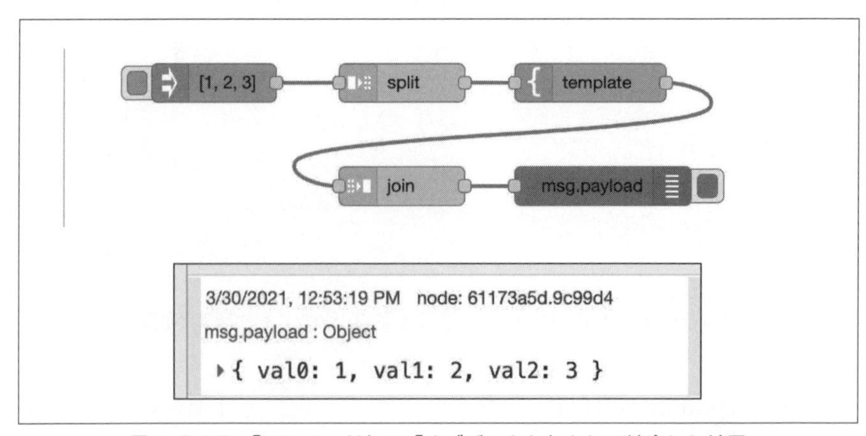


図 4-3-15 「join ノード」で「オブジェクト」として結合した結果

＊

メッセージを分割して、その分割した単位ごとに処理することは頻繁にあります。

Node-REDの初期バージョンのころは、フローで「ループ処理」を表現するのが主流でした。

しかし、「一度、メッセージを、処理したい単位に分割し、その単位で処理して、必要であれば再度メッセージを結合する」という考え方を取り入れることで、フローが比較的シンプルになり分かりやすくなりました。

「splitノード」や「joinノード」を使いこなして、フローから不必要なループをなくしましょう。

## 4.4 データ変換系ノード

Node-REDのフローで扱うデータ形式は「JSON」なので、フローに入出力する際に「JSON」や「XML」などの形式に相互変換する必要があります。

次の2つのノードは、そういった場合に便利なものです。

### ■ jsonノード

「jsonノード」は、「文字列」を入力すると「JSONオブジェクト」に変換し、「JSONオブジェクト」を入力すると「JSON文字列」に変換します。

＊

まず、ワークスペースに「injectノード」と「jsonノード」と「debugノード」を配置します。

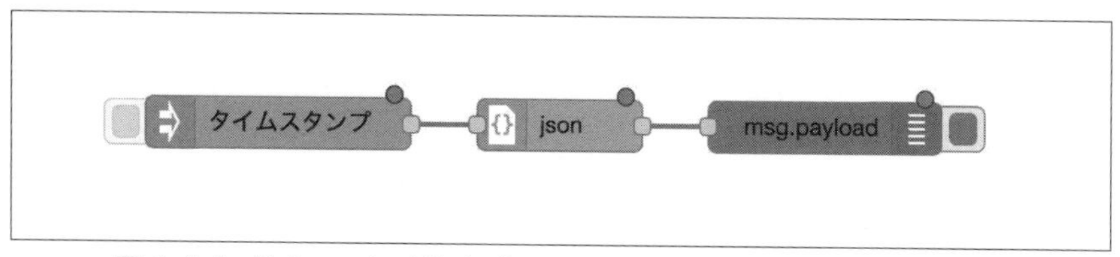


図4-4-1 「injectノード」と「jsonノード」と「debugノード」を配置

次に、**図4-4-2**のように「injectノード」の「ペイロード」で「文字列」型を選択し、値を「{"aaa":111}」というように設定します。

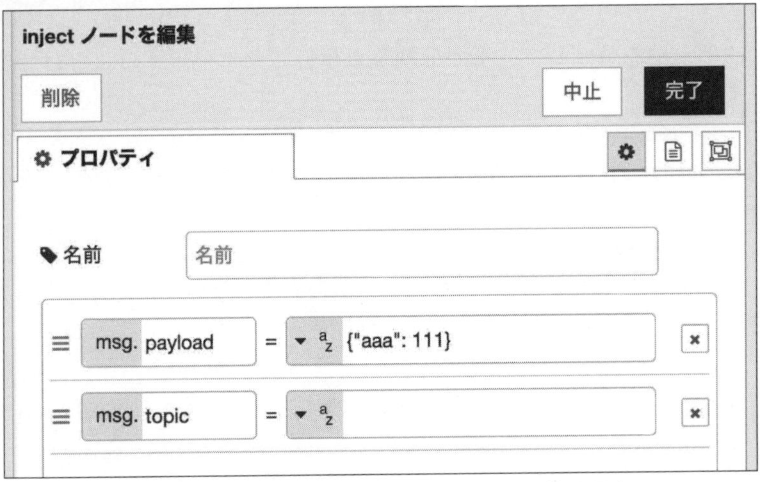

inject ノードを編集
削除
中止
完了
プロパティ
名前
名前
msg. payload
= {"aaa": 111}
msg. topic
=

図 4-4-2 「inject ノード」で「JSON 文字列」を入力

「json ノード」と「debug ノード」の設定は、特に必要ありません。

これでフローを実行すると、「json ノード」によって「JSON 文字列」が「JSON オブジェクト」に変換され、デバッグに「Object 型」と表示されます。

{"aaa": 111}
json
msg.payload
3/30/2021, 7:56:13 PM node: 55e2afe9.4d28
msg.payload : Object
{ aaa: 111 }

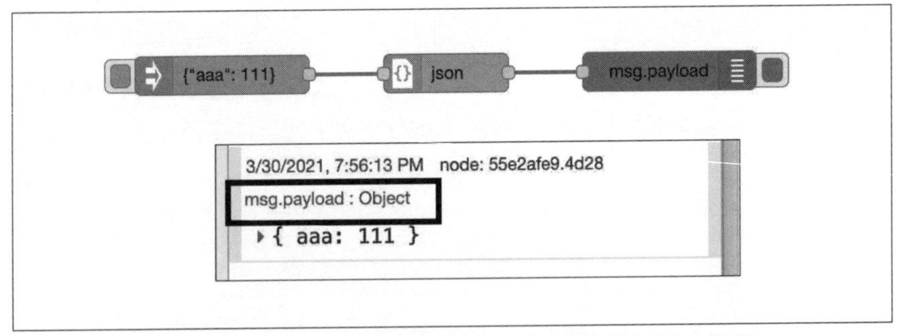

図 4-4-3 「json ノード」に「JSON 文字列」を入力した結果

続いて、Inject ノードの「ペイロード」で「JSON」型を選択し、値を「{"aaa":111}」と設定します。

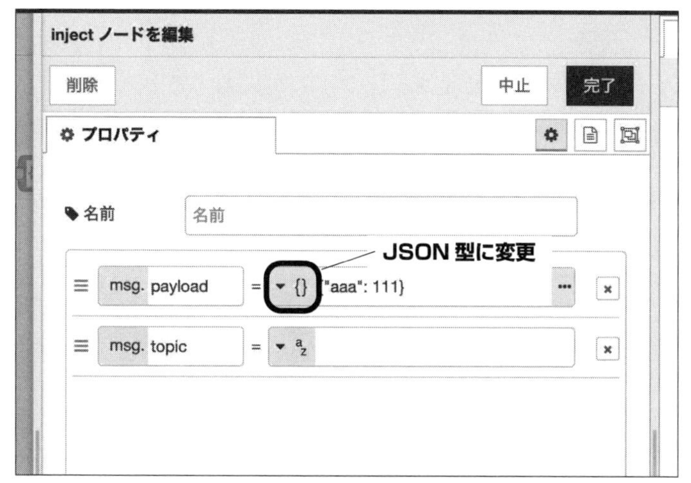


図 4-4-4 「inject ノード」で「JSON オブジェクト」を入力

これでフローを実行すると、「json ノード」によって「JSON オブジェクト」が「JSON 文字列」に変換され、デバッグに「String 型」と表示されます。

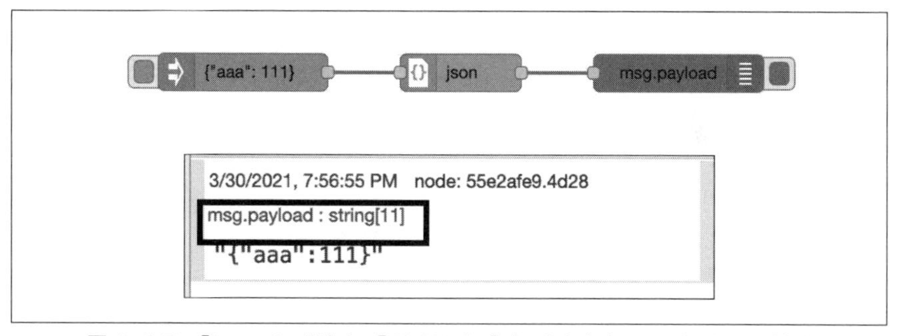


図 4-4-5 「json ノード」に「JSON オブジェクト」をインプットした結果

いずれも、「json ノード」の設定は不要です。

## ■ xml ノード

「xml ノード」は、「JSON オブジェクト」を入力すると「XML」に変換し、「XML」を入力すると「JSON オブジェクト」に変換します。

*

**図 4-4-6** は、「JSON オブジェクト」を入力した場合です。

デバッグの項目に、変換された「XML」が表示されます。

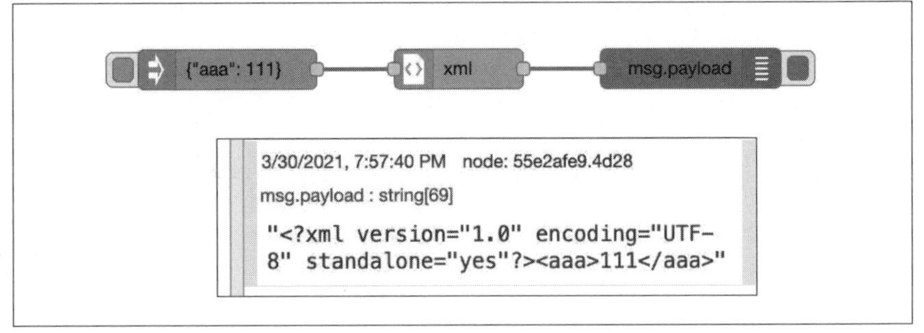


図 4-4-6 「xml ノード」に「JSON オブジェクト」を入力した結果

**図 4-4-7** は、逆に「XML」を入力した場合です。

デバッグの項目に「JSON オブジェクト」が表示されます。

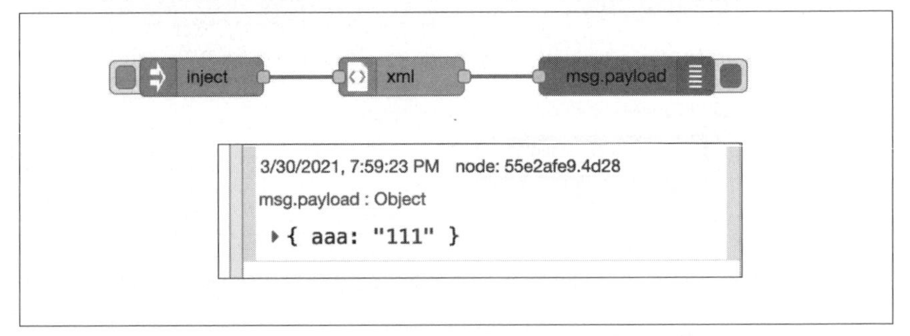


図 4-4-7 「xml ノード」に「XML」を入力した結果

いずれも、「xml ノード」の設定は不要です。

# 第5章

# 「Node-RED」を、より使いこなす

**本章では、「Node-RED」をより使いこなすための事例を紹介します。**

**他の「Web サービス」や「クラウド・サービス」との連携をはじめ、分かりやすく伝える「ユーザー・インターフェイス」の構築、ハードを扱うような事例についても学んでいきましょう。**

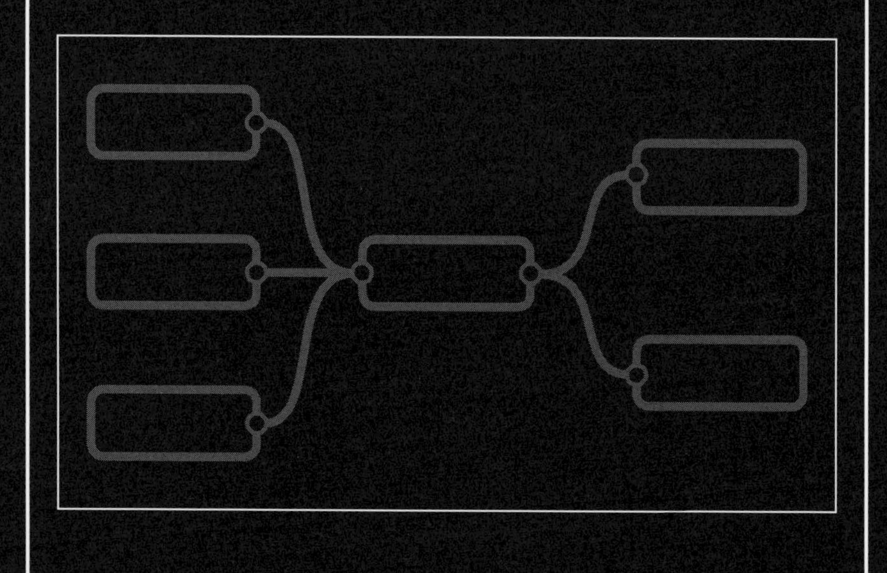

# 5.1 「LINE Messsaging API」につなぐ

## ■「LINE ボット」を作る

本節では、簡単な「LINE ボット」を作ってみます。

「ボット」(Bot) と言うのは、簡単に説明すると、「チャット」や「Twitter」などで、特定の質問や問い掛けに対して、自動で返答をしてくれるシステムのことです。

少し前までは「Twitter」で使われるのが主流でしたが、「AI」の台頭によって、「チャット・サービス」でも「ボット」の利用が流行りはじめています。(次節では、「Twitter」のボットについても解説しています)。

*

以降の解説では、以下のアカウントが必要になります。

あらかじめ用意した上で、読み進めてください。

・LINE アカウント (通常の LINE を利用できるもので OK)
・IBM Cloud アカウント

「IBM Cloud アカウント」が必要な理由は、「LINE」との通信に「https 通信」しか利用できないからです。

各「IaaS」(Infrastructure as a Service の略) サービスも利用できますが、設定が必要になるため、あらかじめ「https」が組み込まれている「IBM Cloud」を利用するのがいちばん手っ取り早いです。

## ■「IBM Cloud」で「Node-RED」を立ち上げる

まず、「IBM Cloud」で「Node-RED アプリケーション」を作っておきます。

「IBM Cloud」の「ダッシュボード」から、「カタログ」→「Node-RED App」を選び、アプリケーションを作ります。

カタログ画面では、検索窓に「Node-RED」と入力して検索するとすぐに見つけることができます。

各種設定を行ない、ワークスペースまでたどり着いたら、パレットの「入力」にある「http ノード」を配置し、次のように設定します。

表 5-1-1 「http ノード」の設定

| 項　目 | 設定内容 |
|---|---|
| Method | POST |
| URL | /callback |
| Name | Callback |

設定が完了したら、「debug ノード」と「http response」を配置し、「Callback ノード」（改名した「http ノード」）につなげば準備は完了です。

「デプロイ・ボタン」を押して、動作に反映させます。

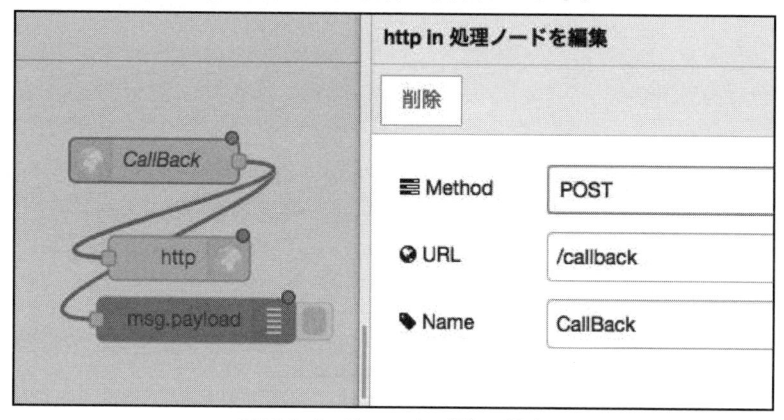


図 5-1-1 「http ノード」の設定

ここで作った URL（Node-RED フローエディタの URL + "/callback"）は、後で「LINE」の設定に使うので、どこかにメモしておきましょう。

また、この画面は「LINE」との疎通確認にも使うので、開いたままにしておいてください。

## ■「LINE Messaging API」を申し込む

「LINE」を通常利用している状態では、Bot開発のためのAPIを利用することができません。

そのため、「LINE」が提供している「Messaging API」を有効にする必要があります。

まずは、その設定をしていきましょう。

「LINE developers」（https://developers.line.biz/ja）にログインし、「Messaging API（ボット）をはじめる」を選択します。

図5-1-2 「Messaging API（ボット）をはじめる」を選択

ログインが完了すると、「STEP1 プロバイダーを選択してください」の画面が表示されます。

プロバイダー画面にて「作成ボタン」をクリックし、プロバイダーを作成して下さい。

その後、作ったプロバイダーがリストに追加されるので、そのプロバイダーをクリックします。

＊

次に、作成したプロバイダーの中にチャネルを作る画面に遷移します。

こちらで、「新規チャネル作成」をクリックします。

チャネルの種類を選択するウィンドウが開くので、「Messaging API」を選択します。

必要な情報を入力し、利用規約に同意する旨のチェックを入れたら「作成」ボタンをクリックします。

その後「情報利用に関する同意について」という規約が表示されるので「同意する」ボタンをクリックすると「チャネル」の作成は完了です。

## ■「Channel」の基本設定

作ったチャネルの設定をしていきます。
**表5-1-1**を参考に、各項目を設定してください。

表5-1-1　チャネルのMessaging API設定

| 項　目 | 設　定 |
|---|---|
| 応答メッセージ | 無効 |
| あいさつメッセージ | 無効 |

ここで大事な設定は、「Webhook」と「応答メッセージ」です。
前者がなければ「Node-RED」にメッセージ内容を送信することができません。
後者は、利用するに設定してしまうと作った「Bot」が返答する前に、別のロジックがユーザーに返事を返してしまうので、注意が必要です。

## ■「Node-RED」とつなぐための設定

開発に必要な情報の確認と、設定を行ないます。
ここで大事なのは、以下の項目です。

・チャネルシークレット
・Webhook URL
・チャネルアクセストークン（長期）
・QRコード

＊

まずは、「Webhook URL」を設定します。

項目右側にある鉛筆ボタンを押し、この章のはじめで「Callback ノード」を使って作った URL（Node-RED フローエディタの URL + "/callback"）を「Webhook URL」の部分に入力します。

設定が完了したら、「Webhook URL」に「接続確認」ボタンが表示されます。

これを押して「成功しました」と表示されたら、それが「Node-RED」との通信に成功した合図です。

このとき、「Node-RED」の「debug」タブを見てみると、「Object」が届いているので、確認してみてください。

また、「チャネルアクセストークン」（長期）がデフォルトだと空になっているので、「発行」（すでに発行済みの場合は「再発行」）を押して生成しておきます。

そして最後に、このページの「QR コード」を、「LINE アプリ」の「QR コードで友だち追加」で読み取ると、このアカウントと友だちになることができます。

忘れずに登録しておきましょう。

また、「チャネルシークレット」は、実装時に必要になるので控えておきましょう。

＊

これで、チャネルの設定は完了です。

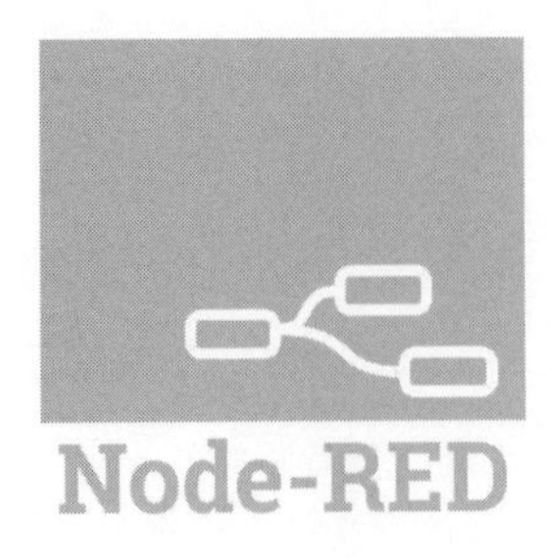

## ■「Node-RED」に「LINE bot SDK」をインストール

以上で、「Node-RED」と「LINE Messaging API」との疎通が完了しました。

ただし、「Node-RED」で「LINE」のメッセージ内容を受け取ることはできますが、「LINE」に対してメッセージ投稿をする機能はもっていません。

「LINE」に「Node-RED」からメッセージ送信するには、「LINE」が用意している「node.js 用の SDK」を使うのが手っ取り早いです。

### ＜ line-bot-sdk-nodejs ＞

| https://github.com/line/line-bot-sdk-nodejs |
|---|

＊

まずは、「IBM Cloud Node-RED」の開始画面から、元になる「Node-RED」のコード群をダウンロードして展開します。

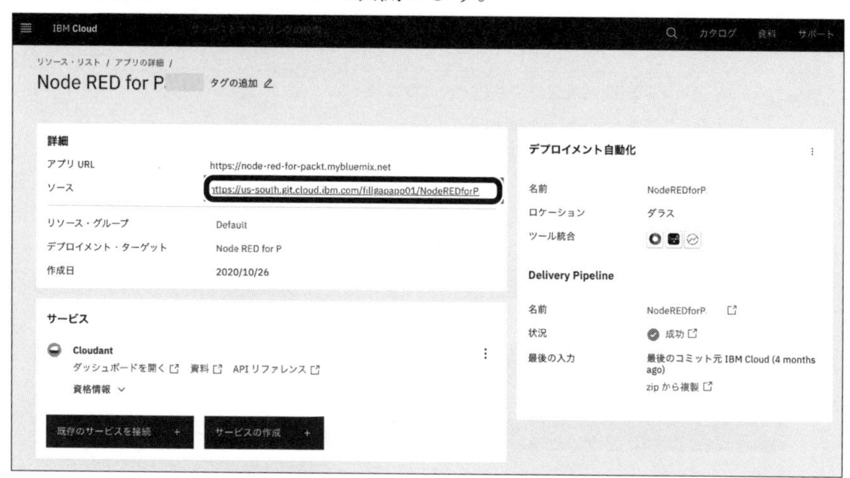


図 5-1-4 「Node-RED」のコード群をダウンロード

新たにパッケージをインストールするには、そのファイル内にある「package.json」に、パッケージ名を追加する必要があります。

「package.json」の「dependencies」に、以下を追加してください。

【リスト 5-1-1】「package.json」の追加内容

```
"@line/bot-sdk": "*"
```

次に、「Node-RED」からこのSDKを呼び出せるように、「IBM Cloud-setting.js」の「funcionGlobalContext」に以下を追加します。

【リスト5-1-2】「funcionGlobalContext」に追加

```
linebot: require('@line/bot-sdk')
```

上記作業をローカルで確認の上、IBM Cloudの「Cloud Foundry」上へPushします。

「Cloud Foundry」の操作についてはここでは解説しません。
詳細については以下のURLから確認してください。

https://cloud.ibm.com/docs/cloud-foundry?topic=cloud-foundry-deploy_apps&locale=ja

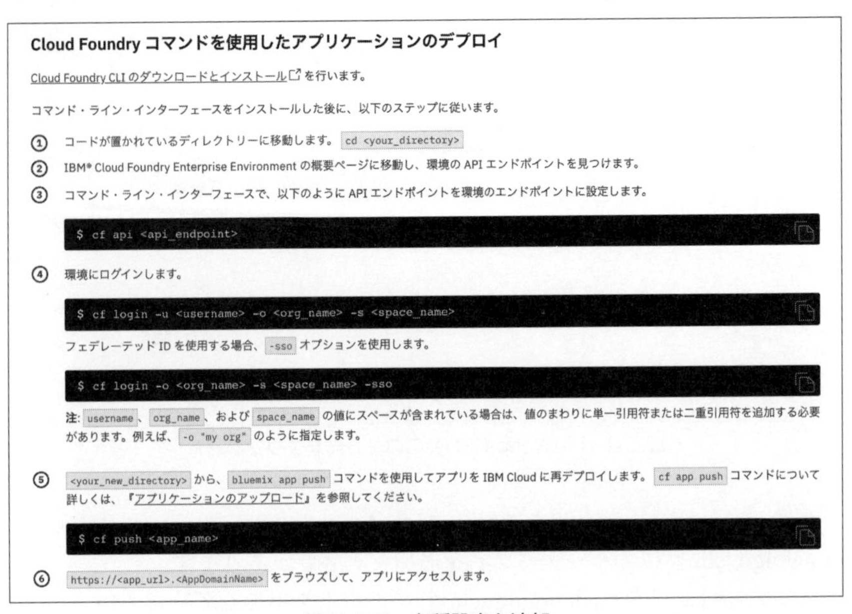


図5-1-5　各種設定を追加

完了したら、開始画面の指示に沿って、コードをデプロイします。

＊

これで、「Node-RED」で「LINE bot SDK」を使う準備ができたので、実装に移っていきましょう。

## ■「LINE」からきたメッセージに、返事を返す

「LINE」から受け取ったメッセージの内容を見て、返事をする仕組みを作っていきます。

＊

現状は、「Callback ノード」と「debug ノード」がつながっているだけの状態です。

そこで、「機能」にある「function ノード」と、「出力」にある「http response ノード」を配置し、以下のようにつなぎます。

「function ノード」には、「linebot」と名前を付けます。

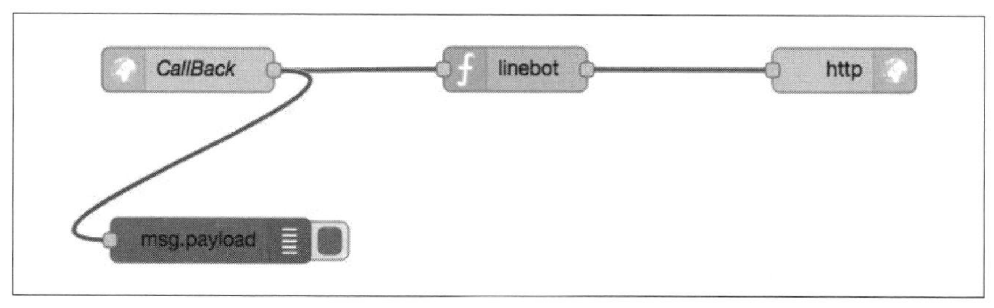


図 5-1-6　フローを作る

次に、「function」に**リスト 5-1-3** のプログラムを実装します。

【リスト 5-1-3】「オウム返しボット」の実装

```
// LINEbotSDK取得
const line = context.global.linebot;

const config = {
  channelAccessToken: '<your access token>',
  channelSecret:  '<your channel secret>',
};
```

```
// create LINE SDK client
const client = new line.Client(config);
// get event
const event = msg.payload.events[0];
// get message
const received_msg = event.message.text;
// 初期ではオウム返し
var massage = { type: 'text', text: received_msg };
// replay!
client.replyMessage(event.replyToken, massage);


return msg;
```

「<your access token>」には、「LINE Developers」で取得できる「チャネルアクセストークン」を入力し、「<your channel secret>」には、「LINE Developers」で取得できる「チャネルシークレット」を入力します。

＊

これを実装、デプロイし、「LINE」からメッセージを送ると、送ったメッセージをそのまま返事を返してきます。

図5-1-7 「オウム返しBot」の完成

＊

ではここから、特定の言葉に対して反応するようにします。

17 行目に**リスト 5-1-4** を追加してください。

【リスト 5-1-4】特定のメッセージにテキストで返答

```
if(received_msg == 'こんにちは'){
  // テキストで返事
  massage = {
    type: 'text',
    text: 'こんにちは！おげんきですか？'
  };
}
```

この状態でデプロイすると、「こんにちは」とメッセージを送ったら「こんにちは！お元気ですか？」と返るようになります。

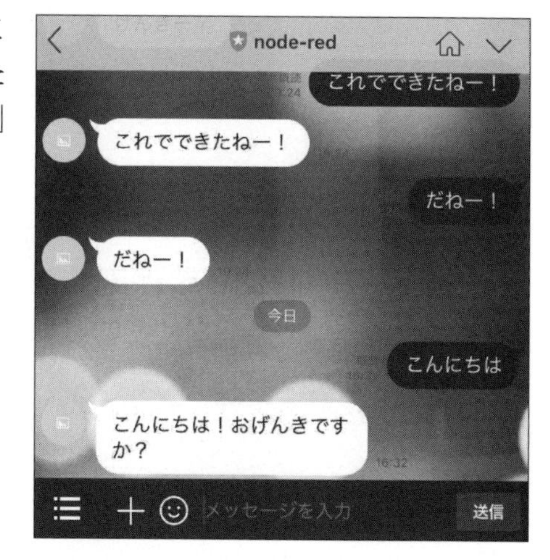


図 5-1-8　定型文を返すようになる

＊

最後に、特定の言葉に対して「スタンプ」を返すコードも追加してみます。

先ほどの「if 文」の後に、「else if」を追加していきます。

【リスト 5-1-5】特定メッセージへスタンプで返答

```
else if (received_msg == 'かわいい'){
  // スタンプで返事
```

```
  massage = {
    type: 'sticker',
    packageId: 2,
    stickerId: 164
  };
}
```

デプロイをすると、「かわいい」に対してスタンプが返ってきます。

図5-1-9　スタンプを返すようになる

他のスタンプを試したい場合は、以下のURLに「スタンプのリスト」があるので、いろいろと試してみてください。

**＜スタンプのリスト＞**

https://developers.line.biz/media/messaging-api/sticker_list.pdf

＊

以上、プログラムの全文は**リスト5-1-6**のようになります。

【リスト 5-1-6】プログラム全文

```
// LINEbotSDK取得
const line = context.global.linebot;

const config = {
  channelAccessToken: '<your access token>',
  channelSecret:  '<your channel secret>',
};

// create LINE SDK client
const client = new line.Client(config);
// get event
const event = msg.payload.events[0];
// get message
const received_msg = event.message.text;
// 初期ではオウム返し
var massage = { type: 'text', text: received_msg };

if(received_msg == 'こんにちは'){
  // テキストで返事
  massage = {
    type: 'text',
    text: 'こんにちは！おげんきですか？'
  };
}
else if (received_msg == 'かわいい'){
  // スタンプで返事
  massage = {
    type: 'sticker',
    packageId: 2,
```

```
    stickerId: 164
  };
}

// replay!
client.replyMessage(event.replyToken, massage);

return msg;
```

「LINE」の返事の形式には、

---

・テキスト
・スタンプ
・画像
・動画
・音声
・場所
・イメージマップ
・各種テンプレート

---

などが用意されています。

それぞれは、「message」に入れるJSONの形式を変えることで変更できます。

詳しくは、公式の「LINE API Reference」を参照してください。

< LINE API Reference >

https://developers.line.me/ja/docs/

## 5.2 Node-REDダッシュボード

「Node-RED」には「node-red-dashboard」というノードがあり、これを使うと、簡単に「ダッシュボード※機能」を追加できます。

この項では、「Node-RED」を動かしているコンピュータのメモリ使用状況を可視化してみましょう。

※「ダッシュボード」とは、複数の情報をひとまとめに管理できるツールや UI の機能のこと。

### ■メモリ使用状況の取得

Node-RED が動作している環境のメモリ使用状況を取得するには、「node-red-contrib-os ノード」を利用します。

[1] まず、ノードをインストールします。

[2] インストールが完了したら、**図 5-2-1** のようなフローを構築します。

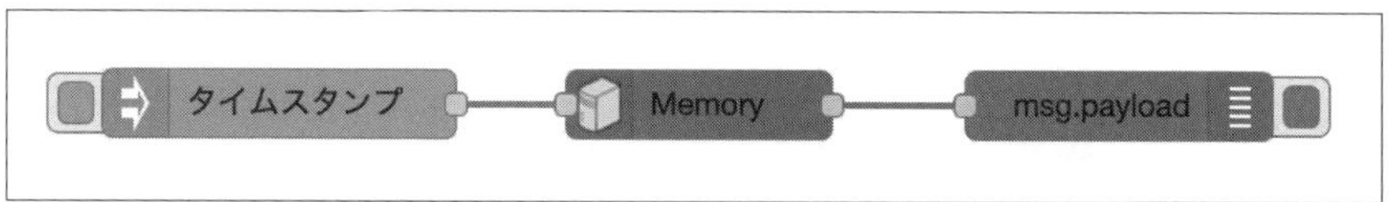


図 5-2-1　メモリ使用状況を取得するフロー

[3]「Inject ノード」のボタンをクリックすると「デバッグタブ」に、**図 5-2-2** のような JSON データが表示され、メモリ使用状況が取得できていることがわかります。

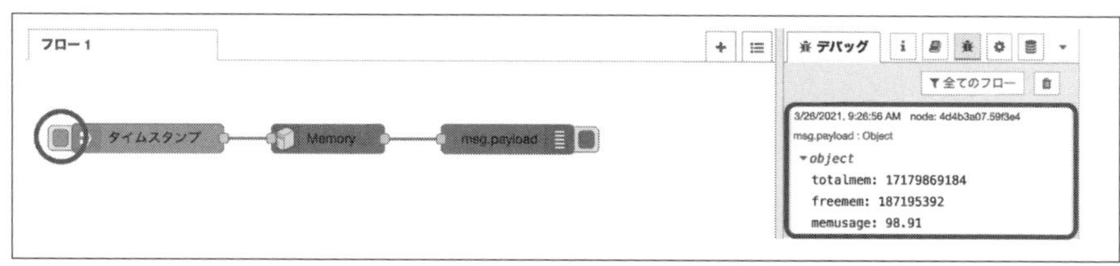


図 5-2-2　デバッグタブに表示されたメモリ使用状況

## ■ダッシュボードの準備

ダッシュボードを表示するには「node-red-dashboard ノード」が必要です。

---

[1] ノードをインストールします。

[2]「デバッグ・ウィンドウ」の上側にあるタブを「dashboard」に切り替え、ノードを利用できるようにします。

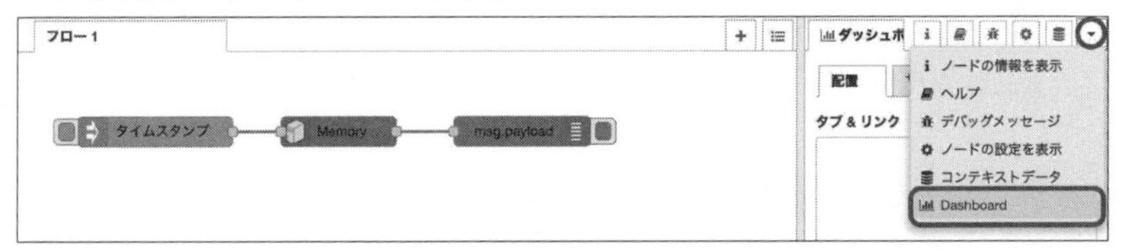


図5-2-3 「dashboard」タブへの切り替え

[3] 図5-2-4のように、「配置タブ」の右にある「+タブボタン」をクリックして、「tab」を作った後、「+グループボタン」をクリックして「group」を作ります。

図5-2-4 ダッシュボードに「tab」や「group」を作成

---

## ●「Change ノード」と「Chart ノード」を追加

[1] **図 5-2-5** の位置に、「Change ノード」を追加します。

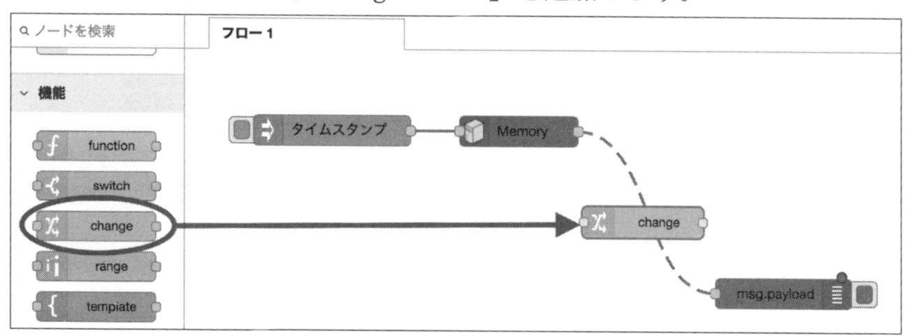


図 5-2-5 「Change ノード」の追加

[2] 追加した「Change ノード」は**図 5-2-6** のように、「topic」に「メモリ使用率」を、「payload」に「msg.payload.memusage」を代入する設定にします。

図 5-2-6 「Change ノード」の設定

[3] 図 5-2-7 の位置に、「Chart ノード」を追加します。

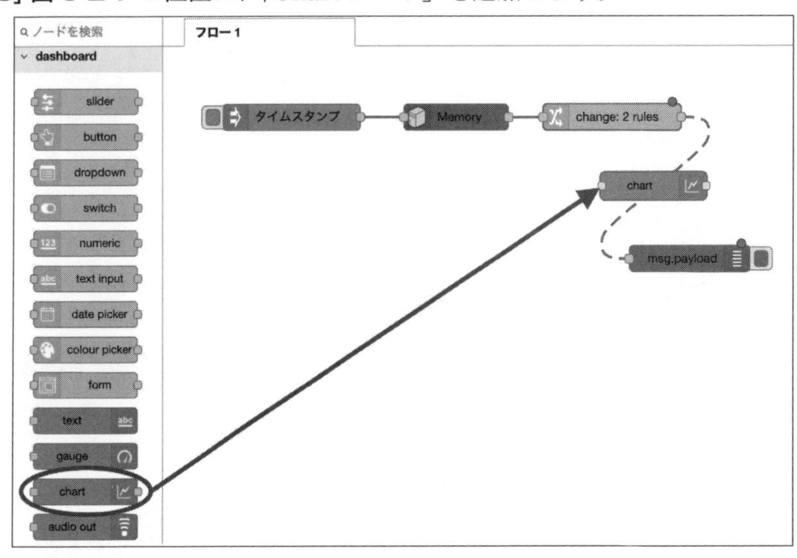


図 5-2-7 「Chart ノード」の追加

[4] 追加した「Chart ノード」は図 5-2-8 のように、「ラベル」を「メモリ使用状況」、「X 軸」を「直近 1 分」、「Y 軸」を「最小 0 最大 100」に設定します。

図 5-2-8 「Chart ノード」の設定

表 5-2-9 「Chart ノード」の設定項目

| 項目 | 設定内容 |
|---|---|
| ラベル | メモリ使用状況 |
| X 軸 | 直近 1 分 |
| Y 軸 | 最小 0 最大 100 |

[5] 図 5-2-10 のように「Inject ノード」に繰り返し設定をします。

図 5-2-10 「Inject ノード」の設定

## ■ダッシュボードの表示

ここまでの作業が終わったら、先ほどダッシュボードの設定を行なった「ダッシュボードタブ」にある、**図 5-2-11** のボタンをクリックします。

図 5-2-11　ダッシュボードを開く

すると、ブラウザの別タブにダッシュボードが表示されます。

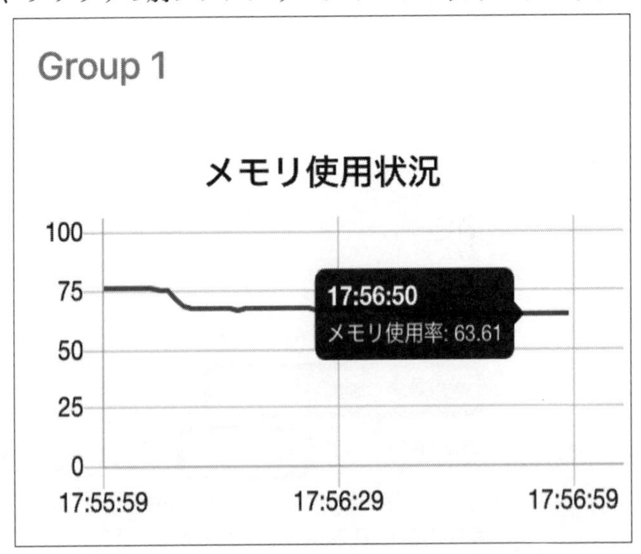


図 5-2-12 「メモリ使用状況」のダッシュボード

**図5-2-12**のように、グラフ部分をマウスオーバーすると、「データラベル」が表示されます。

これは、「Change ノード」で「topic」に指定した文字列が表示されます。

つまり、別の「topic」のデータを追加で入力してやれば、複数のデータのグラフを表示することも可能です。

## 5.3 「データベース」を利用する

「Node-RED」では、「MySQL」や「MongoDB」などのデータベースと容易に接続できるノードが提供されています。

以降では、データベースのサーバ構築をすることなく、「Node-RED」の環境だけで手軽に利用できる「sqlite ノード」を用いて、「データベース・ノード」の使い方を解説します。

### ■ sqliteノード

「sqlite ノード」で用いるフローは、以下のようなものです。

なお、「sqlite ノード」を利用するには、「node-red-node-sqlite」という名前のノードをインストールする必要があります。

フローエディタの設定ウィンドウから、インストールしてください(**第4章**参照)。

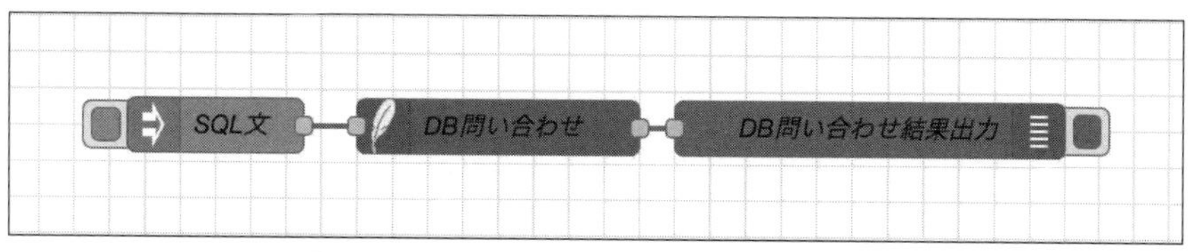


図5-3-1 データベースを問い合わせるフロー

「sqlite ノード」は、変数「msg.topic」(「msg.payload」ではない点に注意)に指定した「SQL 文」を入力として受け付けます。

「sqlite ノード」は「SQL 文」が入った「msg.topic」を受け取ると、データベースへの問い合わせ処理を実行します。

その後、「sqlite ノード」の出力として、問い合わせの結果を変数「msg.

payload」に格納し、後続のノードにメッセージを受け渡します。

「sqlite ノード」を用いる際は、この基本パターンを理解した上で、フローを作ります。

## ■「郵便番号」から「住所」を問い合わせる

では、実際に「SQLite」を問い合わせるフローとして、「郵便番号」と「住所」の対応表を作り、データの格納と、検索を行なうものを作ってみます。

### ●「表」の作成

まず、SQLの「CREATE TABLE 文」を用いて「表」の作成を行ないます。

**図 5-3-2** のように、「inject ノード」「sqlite ノード」「debug ノード」を用意します。

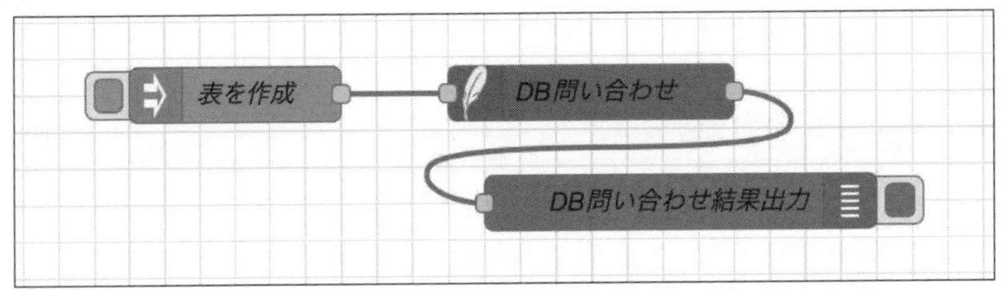


図 5-3-2　データベース上に「表」を作るフロー

ここでは、以下のような「郵便番号」と「住所」の 2 つの列で構成される「表」を作ります。

| code(郵便番号) | address(住所) |
|---|---|
| … | … |
| … | … |

「inject ノード」のプロパティ設定では、表を作る SQL 文「CREATE TABLE postalcode (code INTEGER, address VARCHAR(255));」を msg.topic の値として入力します。

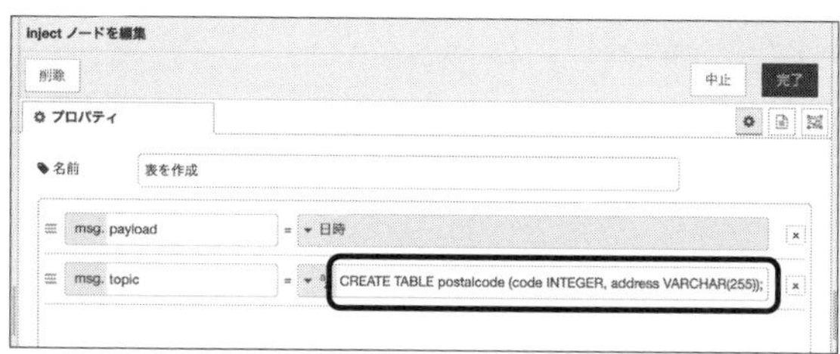

図 5-3-3 「inject ノード」のプロパティ設定画面 ( 表を作る SQL 文を記述 )

「sqlite ノード」のプロパティ設定は、データを格納する「ファイルパス」を指定するだけです。

**図 5-3-4** の例では、「C:\Users\< ユーザー名 >\postalcode.db」というファイルパスで、データベース用のファイルを作るように設定しています。(macOS 環境では「/Users/< ユーザー名 >/postalcode.db」の様に設定してください)

はじめてファイルパスを Windows 環境で指定する際には、「Database」の行の右端にある「鉛筆ボタン」をクリックして「Node-RED」実行ユーザーのアクセス権があるファイルパスを登録しましょう。

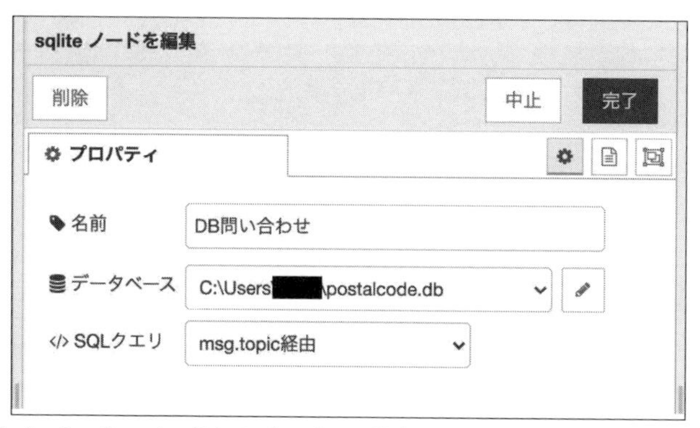

図 5-3-4 「sqlite ノード」のプロパティ設定画面 (DB ファイルのパスを登録 )

「debug ノード」は、設定する項目はありません。

**図 5-3-5** では、フローエディタ上で表示するデータが何かを分かりやすくするため、「名前」に「DB 問い合わせ結果出力」を入力しています。

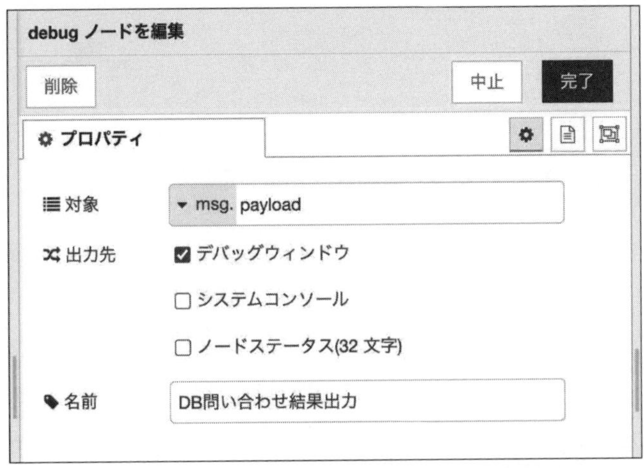


図 5-3-5 「debug ノード」のプロパティ設定画面

「inject ノード」「sqlite ノード」「debug ノード」を順に接続し、「デプロイ・ボタン」を押した後、「inject ノード」の左端のボタンをクリックします。

デバッグ・ウィンドウに [empty] というメッセージが表示されていれば、「表」の作成処理は成功です。

(もし失敗した場合は、「赤色の文字列」でエラーの内容が表示されます)。

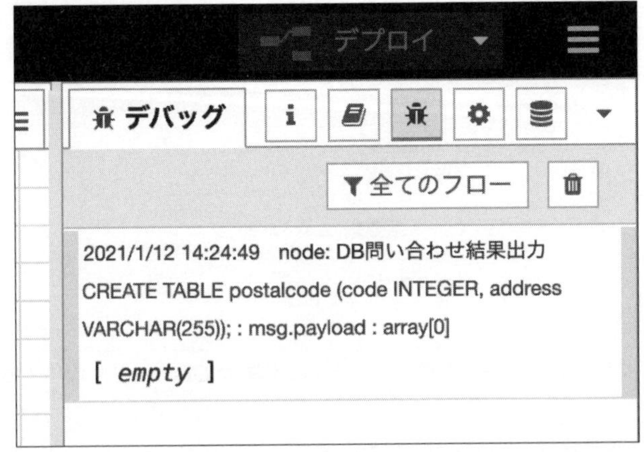


図 5-3-6 「SQL 文」が正しく実行されたときのデバッグ表示内容

## ● データの格納

次に、以下のような「郵便番号」と「住所」の対応表のデータ 2 件を格納します。

| code( 郵便番号 ) | address( 住所 ) |
|---|---|
| 2510004 | 神奈川県藤沢市藤が岡 |
| 2440815 | 神奈川県横浜市戸塚区下倉田町 |

**図 5-3-7** のように、前の操作で作った「表を作成」という「inject ノード」の下に、データ格納用の「inject ノード」として、「表へデータを格納 1」「表へデータを格納 2」の 2 つを配置します。

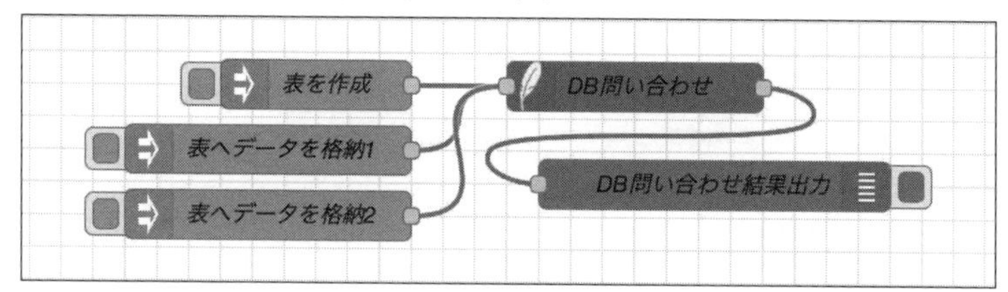


図 5-3-7　表にデータを格納する「inject ノード」を追加

各「inject ノード」のプロパティ設定では、msg.topic として「INSERT INTO postalcode VALUES (' 郵便番号 ', ' 住所 ');」を入力します。

**図 5-3-8** は、「表へデータを格納 1」のプロパティ設定です。

inject ノードを編集
削除　中止　完了
プロパティ
名前　表へデータを格納1
msg. payload = 日時
msg. topic = INSERT INTO postalcode VALUES ('2510004', '神奈川県藤沢市藤が岡');

図 5-3-8 「inject ノード」のプロパティ設定画面 ( 表にデータを格納する SQL 文を記述 )

＊

新たに追加したデータ格納用の各「inject ノード」を、「sqlite ノード」の入力として接続して、「デプロイ・ボタン」をクリックします。

その後、「inject ノード」のボタンをクリックすると、データがデータベースに格納されます。

表を作ったときと同様に、デバッグ・ウィンドウに [empty] と表示されれば、正しくデータが格納されています。

### ● データの参照

最後にデータが正しく格納されたか確認するため、「SELECT 文」を用いてデータを検索してみます。

これまで作った 3 つのノードの下に、「表を検索」という「inject ノード」を配置します。

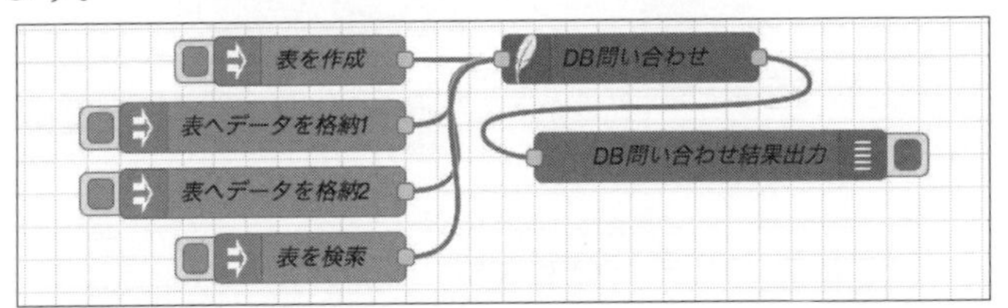


図 5-3-9 「表」を検索する「inject ノード」を追加

「inject ノード」のプロパティ設定では、「SELECT 文」として「msg.topic」の右側の欄に、「SELECT * FROM postalcode;」を入力します。

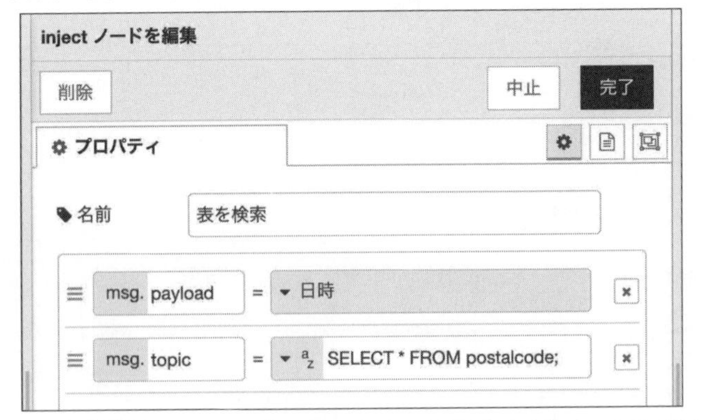


図 5-3-10 「inject ノード」のプロパティ設定画面 ( 表を検索する SQL 文を記述 )

＊

最後に、「inject ノード」を「sqlite ノード」に接続し、「デプロイ・ボタン」をクリックします。

その後、「inject ノード」のボタンをクリックすると、デバッグ・ウィンドウに [object, object] と表示されます。

その表示の左側にある「逆三角形」のマークをクリックすると、**図 5-3-11** のように、取得した「JSON データ」の内容を展開できます。

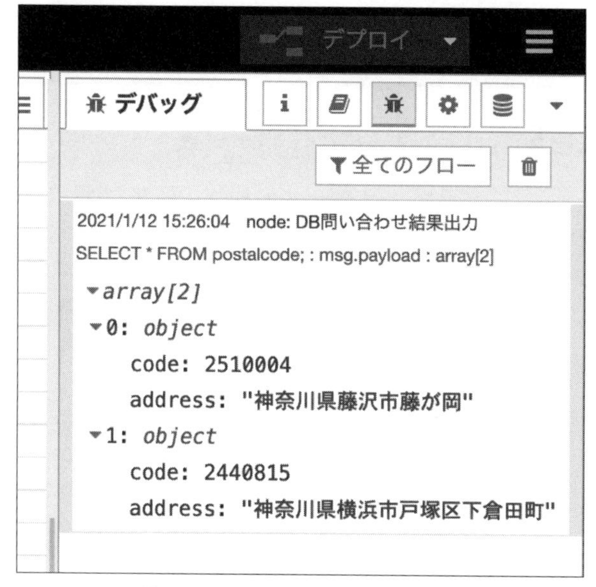


図 5-3-11 「表」を検索した結果

## column 「表」の削除

「表」の作成や「データの登録」が上手くいかず、はじめから操作をやり直したい場合、「表」を削除する必要があります。

「表」を削除するには、プロパティ設定のトピックの欄に「DROP TABLE postalcode;」と入力した「inject ノード」を作ります。

その後、「sqlite ノード」に接続して、「デプロイ・ボタン」をクリックした後、「inject ノード」のボタンをクリックすると、「表」が削除されます。

### column sqlite3 コマンド

本節では、データの登録をする際に「inject ノード」を用いましたが、すでに手元にデータがある場合は、データを「ロード」するケースもあると思います。
大量のデータをロードする場合は、時間がかかることもあるため、データベース付属の「ロード・プログラム」を用いるほうが効率がいいでしょう。

たとえば、「SQLite」に「csv データ」をロードする場合は、「SQLite」のサイト (https://www.sqlite.org/) で提供されている、「sqlite3 コマンド」の「import 機能」を用いて、データベースのファイルを作ってください。

## ■「郵便番号入力フォーム」から住所を検索

「inject ノード」によるデータベースの操作のみでは面白みがないため、**図 5-3-12** のように、「ダッシュボード」から「郵便番号」を受け付け、「住所」を表示する画面を作ってみましょう。

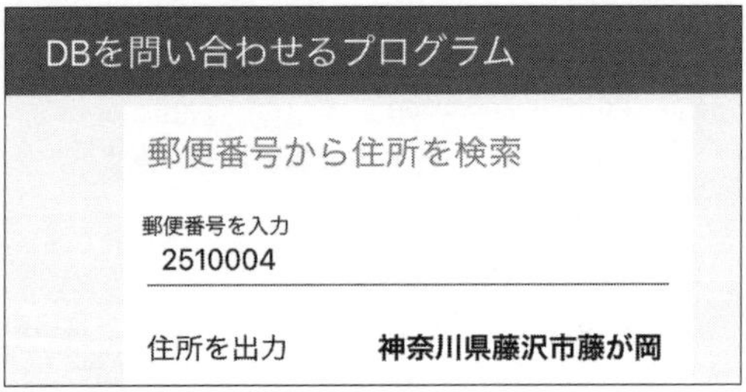

DBを問い合わせるプログラム
郵便番号から住所を検索
郵便番号を入力
2510004
住所を出力　神奈川県藤沢市藤が岡

図 5-3-12　データベースを問い合わせるフォーム

ここでは、次の手順でフローを作ります。

---

[1]「ダッシュボード」の「郵便番号を入力」という名前の「text input ノード」を用いて、ブラウザ上に表示した入力フォームから「郵便番号」を受け取ります。

[2]「SQL 文作成」という名前の「template ノード」を用いて、この「郵便番号」を条件に指定して検索を行なう「SQL 文」を作ります。

[3]「sqlite ノード」にこの「SQL 文」を渡し、データベースの検索を行ないます。

「sqlite ノード」が出力するデータは「配列データ」であるため、「住所を代入」という名前の「change ノード」を用いて、配列の「0 番目」の要素内にある「住所」のデータのみ取得し、変数「msg.payload」に文字列を代入します。

**[4]**「住所を出力」という名前の「text ノード」を用いて、変数「msg.payload」に格納された住所の文字列をブラウザ上に表示します。

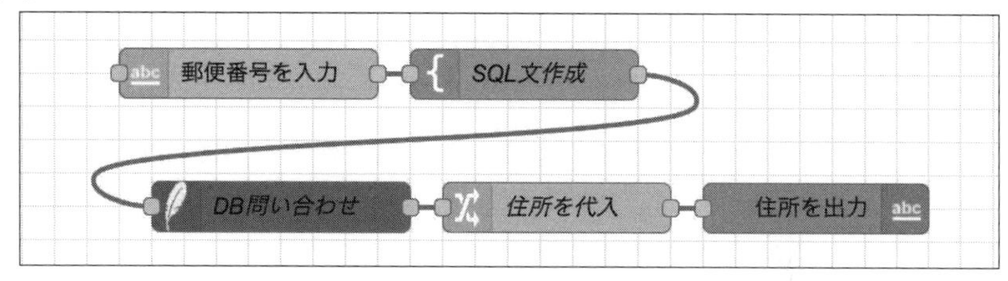


図 5-3-13　データベースを問い合わせるフォームのフロー

では、各ノードのプロパティ設定について説明します。

## ●「text input ノード」のプロパティ設定

「text input ノード」では、「入力フォーム」を表示する設定を行ないます。

「グループ」の指定欄では、「DB を問い合わせるプログラム」という名前のタブ内に、「郵便番号から住所を検索」という名前の「グループ」を作成し、その中に「text input」を表示するよう指定しました。

ダッシュボードを使うユーザーが、何を入力すればいいか分かりやすくするために、「ラベル」の欄には、「郵便番号を入力」と入力しています。

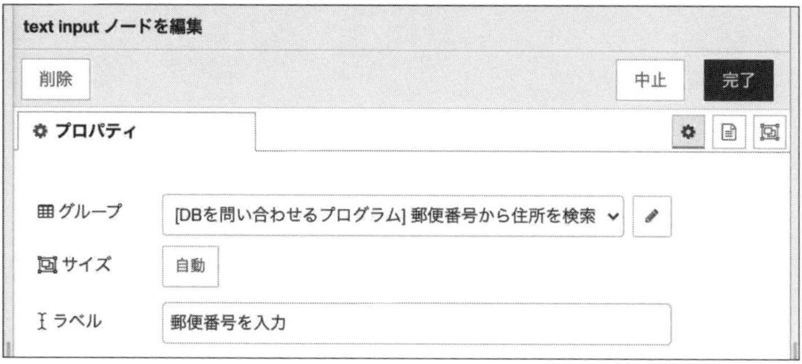

text input ノードを編集
削除　中止　完了
プロパティ
グループ　[DBを問い合わせるプログラム] 郵便番号から住所を検索
サイズ　自動
ラベル　郵便番号を入力

図 5-3-14 「text input ノード」のプロパティ設定画面

### ●「template ノード」のプロパティ設定

「template ノード」では、「郵便番号」から「住所」を検索する SQL 文を入力します。

「テンプレート」の項目には、「WHERE 句」に、入力フォームに入力した「郵便番号」と合致した住所を取得するよう指定した「SELECT address FROM postalcode WHERE code = {{payload}};」という SQL 文を入力します。

ここで用いられている「{{payload}}」は、「Mustache」という記述方法であり、変数「msg.payload」に格納されている値に置き換えるよう指定しています。

前述のように「sqlite ノード」は、変数「msg.topic」内に格納した SQL 文を用いてデータベースを問い合わせるので、「template ノード」においても「プロパティ」の項目に「msg.topic」を入力し、ここで作った SQL 文が変数「msg.topic」に格納されるようにします。

図 5-3-15 「template ノード」のプロパティ設定画面

### ●「sqlite ノード」のプロパティ設定

「sqlite ノード」では、DB ファイルのパスを指定します。

このとき、「郵便番号」から「住所」を問い合わせる際に指定したものと同じパスを使ってください。

図 5-3-16 「sqlite ノード」のプロパティ設定画面 (DB ファイルのパスを登録 )

### ●「change ノード」のプロパティ設定

「change ノード」では、値の代入を行ないます。

「sqlite ノード」が、変数「msg.payload」に格納した配列のうち、「0 番目」の要素にある「住所」のデータを、変数「msg.payload」に代入します。

代入処理を行なうには、「値の代入」の 1 つ目の欄に「msg.payload」、2 つ目の欄に「msg.payload.0.address」と指定します。

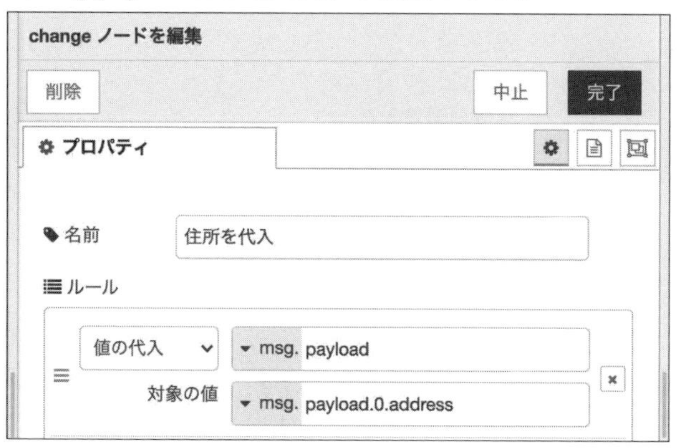


図 5-3-17 「change ノード」のプロパティ設定画面 ( 値の代入 )

### ●「text ノード」のプロパティ設定

「text ノード」では、「text input ノード」と同様の「グループ」設定を行ないます。

ダッシュボード上に表示される「ラベル」には、「住所を出力」と入力します。

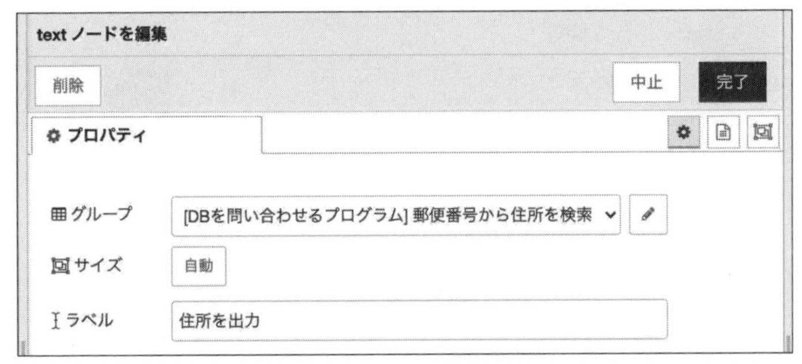


図 5-3-18 「text ノード」のプロパティ設定画面

＊

以上、各ノードを順に接続してフローを完成させた後、「デプロイ・ボタン」をクリックします。

すると、ダッシュボード上の「郵便番号」を入力する部品と、「住所」を出力する部品が有効になります。

ブラウザから「http://<Node-RED の IP アドレス >:< ポート番号 >/ui」にアクセスすると、次のような「入力フォーム」が登場します。

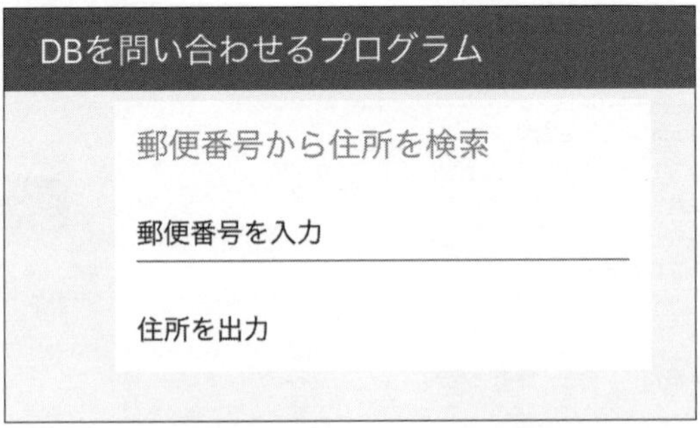

図 5-3-19 「入力フォーム」を表示

ここで、「郵便番号を入力」の部分に、「郵便番号の文字列」を入力します。

数字を入力するごとに内部でフローが走り、SQL の条件文で「住所」が見つかった時点で「住所を出力」の部分に該当する「住所」が出力されます。

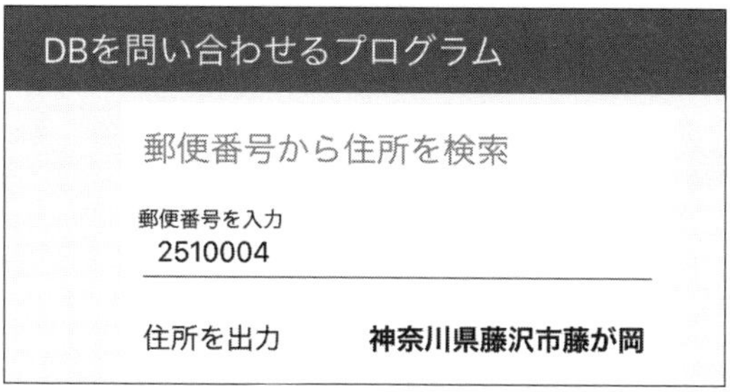

DBを問い合わせるプログラム

郵便番号から住所を検索

郵便番号を入力
2510004

住所を出力　神奈川県藤沢市藤が岡

図5-3-20　入力フォームに「郵便番号」を入力

## column 「sqliteノード」以外の「データベース・ノード」

「Node-RED」には「sqliteノード」以外にも、さまざまなデータベースに対応したノードが存在します。

たとえば、Node-REDプロジェクトからは「MySQLノード」、「MongoDBノード」などが提供されています。

これらのノードは、ほぼ「sqliteノード」と同じようなフローの開発方法で、データベースの問い合わせができます。

**・MySQLノード**

https://flows.nodered.org/node/node-red-node-mysql

**・MongoDBノード**

https://flows.nodered.org/node/node-red-node-mongodb

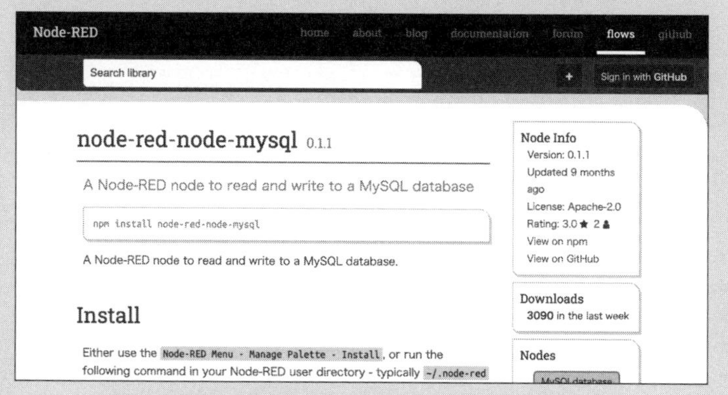


図5-3-21　MySQLノードが紹介されているページ

# 5.4 「worldmapノード」を用いて地図を表示

## ■worldmapノード

「worldmap ノード」は、地図を扱う UI を簡単に「Node-RED」上で実装するものです。

このノードは、「Node-RED」にデフォルトで用意されていないため、フローエディタの「パレットの管理」から、インストールしてください（第4章参照）。

インストールするノード名は、「node-red-contrib-web-worldmap」です。

インストールすると、パレットに**図 5-4-1** の 4 つのノードが登場します。

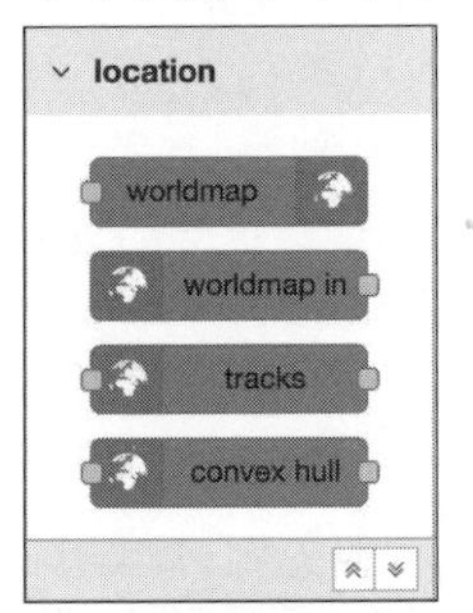


図 5-4-1　パレット上の worldmap ノード

本節で利用するのは、左側にだけに端子がある「worldmap ノード」で、地図にマーカーを表示する機能をもっています。

「worldmap ノード」を、ワークスペースに配置するだけで、

http://<Node-RED の IP アドレス >:< ポート番号 >/worldmap という URL

上に、地図を表示できます。

また、たとえば、

```
{ name: "Joe", lat: 51, lon: -1.05 }
```

という JSON オブジェクトを含むメッセージを受け取ると、「緯度 51、経度 -1.05」に「Joe」というピンを地図上に配置します。

このほか、地図の移動もメッセージから制御することも可能です。

## ■飛行機の位置情報を地図に可視化

「worldmap ノード」を使って、「飛行機の位置情報」をリアルタイムに地図上で表示するフローを作ってみましょう。

ここでは、飛行機の情報を提供しているサービス「OpenSky Network」にアクセスできる「node-red-contrib-opensky-network」というノードを使用します。

---

**[1]**「node-red-contrib-opensky-network」をインストール。

パレットの location カテゴリに「opensky-network ノード」が現れます。

このノードは、

```
{ name:"<飛行機のID>", lat:<緯度>, lon:<経度>,
heading:<向き>, icon: "plane" }
```

のように、worldmap ノードが必要とする一意の「ID」「緯度」「経度」の情報に加えて、「各飛行機の向き」や、「アイコンの種類の情報」も含む JSON オブジェクトを出力します。

そのため、このノードと「worldmap ノード」を**図 5-4-2** のようにつなぐだけで飛行機の位置情報を地図上に可視化できます。

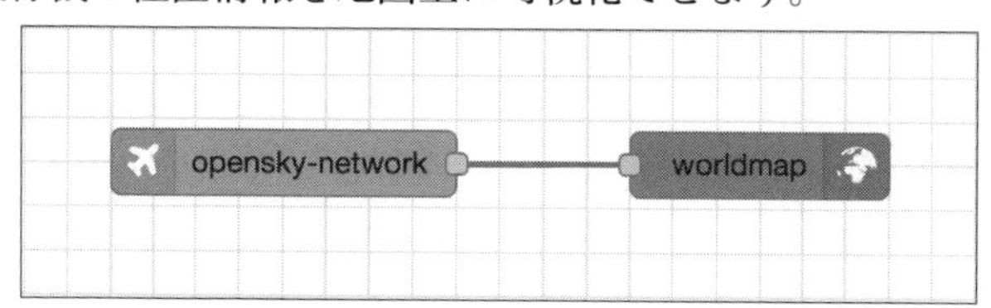


図 5-4-2 「飛行機の位置情報」を地図に表示するフロー

**[2]** 飛行データの範囲を設定する。

「opensky-network ノード」は、プロパティ設定で、取得する飛行データの範囲を緯度経度で指定する必要があります。

ここでは、**図 5-4-3** のように日本国内を飛んでいるすべての飛行データを取得するよう設定しました。

「緯度(南端)」は沖ノ鳥島の緯度、「経度(西端)」は与那国島の経度、「緯度(北端)」は択捉島の緯度、「経度(東端)」は南鳥島の経度となっています。

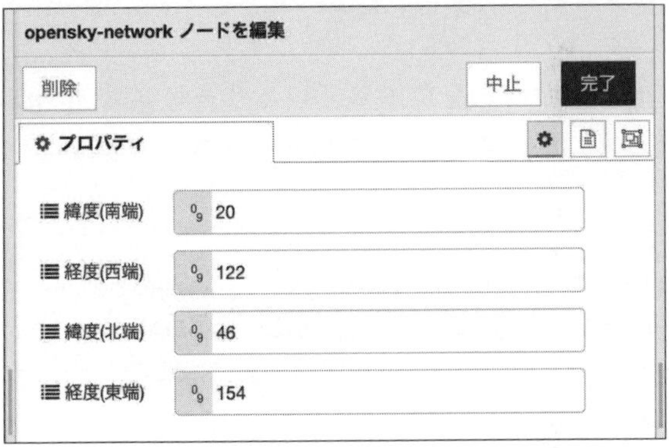

図 5-4-3　opensky-network ノードの設定

「worldmap ノード」においては、プロパティに設定する項目はありません。

**[3]** フローをデプロイ後、「http://<Node-RED の IP アドレス >:< ポート番号 >/worldmap」へアクセスし、動作を確認する。

地図上には飛行機の位置情報がリアルタイムに表示され、時間の経過と共に移動していく様子を確認できます。

また、飛行機のアイコンをクリックすると、「飛行機 ID」(図の例では「84bd16」という値)や「機体の向き」「緯度」「経度」もポップアップで表示されます。

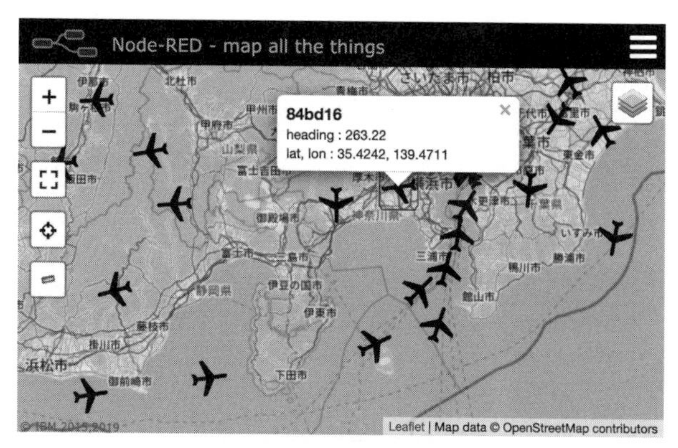


図 5-4-4　飛行機の現在地を地図上に表示

## ■飛行機の移動に合わせて地図を移動

次に、特定の飛行機を追尾する**図 5-4-5** のフローを作ります。

**[1]**「データの絞り込み」と「地図の移動」を設定。

「switch ノード」では、「opensky-network ノード」が出力した飛行データのうち、特定の飛行機 ID をもつもののみに絞り込んでいます。

その後、絞り込んだ飛行データを地図の中心として、移動を行なうためのコマンドメッセージを作り、「worldmap ノード」に送っています。

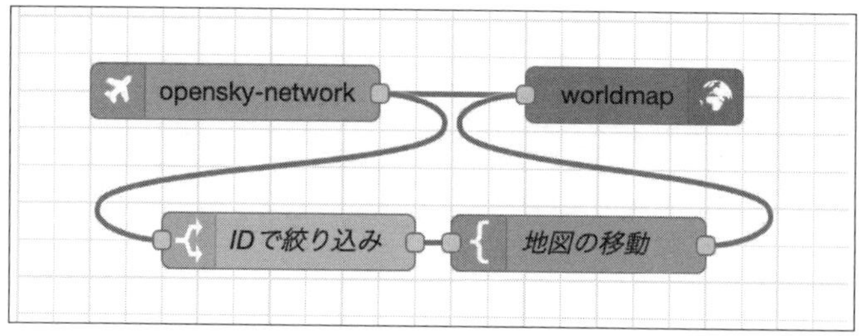


図 5-4-5　特定の飛行機を追尾する様に地図を制御するフロー

「switch ノード」のプロパティ設定では、**図 5-4-6** のように「opensky-network ノードが出力したメッセージのうち、変数「msg.payload.name」の値が指定した飛行機 ID であるメッセージのみに絞り込むように設定します。

ここでは、地図上のポップアップから取得した「84bd16」という飛行機ID を設定しました。

図 5-4-6　switch ノードのプロパティ設定

「template ノード」には、絞り込んだ飛行機の緯度と経度を中心として地図を移動させるため、移動先の緯度と経度を含む**図 5-4-7** のような JSON データを作成します。

ここでは、飛行機を追尾している様子を見やすくするため、地図の拡大を行なう zoom の値として、大きめの「12」(市区町村の名前を確認できる程度の縮尺)という値を設定しました。

JSON 形式のデータを出力するために、「出力形式」は「JSON」を選択しています。

```
{
    "command": {
        "lat": "{{payload.lat}}",
        "lon": "{{payload.lon}}",
        "zoom": 12
    }
}
```

図 5-4-7　template ノードのプロパティ設定

**[2]** 最後に、http://<Node-RED の IP アドレス >:< ポート番号 >/worldmap へアクセスして、動作を確認する。

フローが正しく動作している場合は、飛行機の移動に合わせて地図も自動的に移動します。

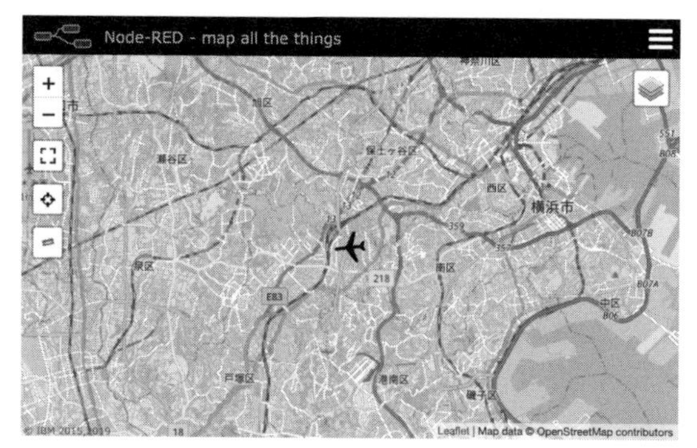


図 5-4-8　特定の飛行機をトラッキングしている様子

## ■飛行機の接近アラートの作成

次に、応用として、飛行機が接近した時に音声で知らせてくれるフローを作成してみます。

---

**[1]** 各ノードをつなげて、フローを設定する。

**図 5-4-9** のフローでは、「opensky-network ノード」が出力した飛行データを位置情報が近いもののみに絞り込むため、地球のアイコンをもつ「geofence ノード」を用いています。

さらに、近づいてきた飛行データを見つけた時に音声で知らせるため、後続には、「template ノード」と「play audio ノード」を順に接続しています。

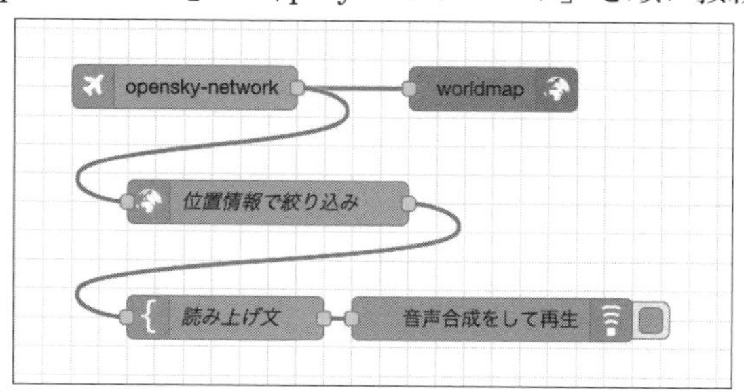


図 5-4-9　飛行機の接近を知らせるフロー

「geofence ノード」は、Node-RED では標準で用意されていないため、「パレットの管理」から「node-red-node-geofence」を新たにインストールする必要があります。

イントール後、バレットから「geofence ノード」をワークスペースに配置し、「opensky-network ノード」の出力端子と接続します。

**図5-4-10**のように、「geofence ノード」のプロパティ設定では、地図のユーザーインターフェイス上で、位置情報の範囲を指定することができます。

この「geofence ノード」は、指定範囲内の位置情報をもつメッセージを受信した時のみ、後続のノードにメッセージを渡します。

ここでは、藤沢市周辺を指定しました。

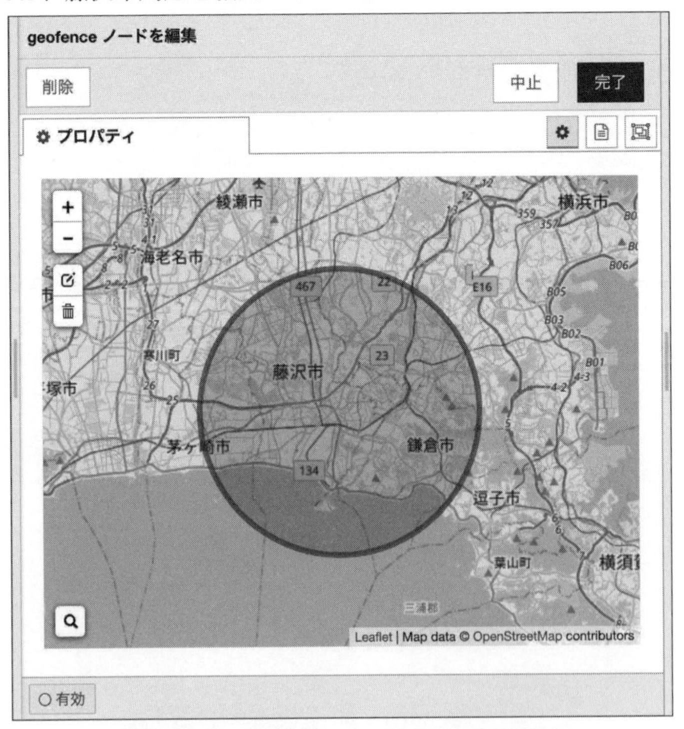


図5-4-10　geofence ノードのプロパティ設定

**[2]** 音声合成で用いる読み上げ文を作成する。

**図 5-4-11** のように、「template ノード」のプロパティ設定に、読み上げ文として「飛行機がもうすぐ来るよ」というテキストを入力します。

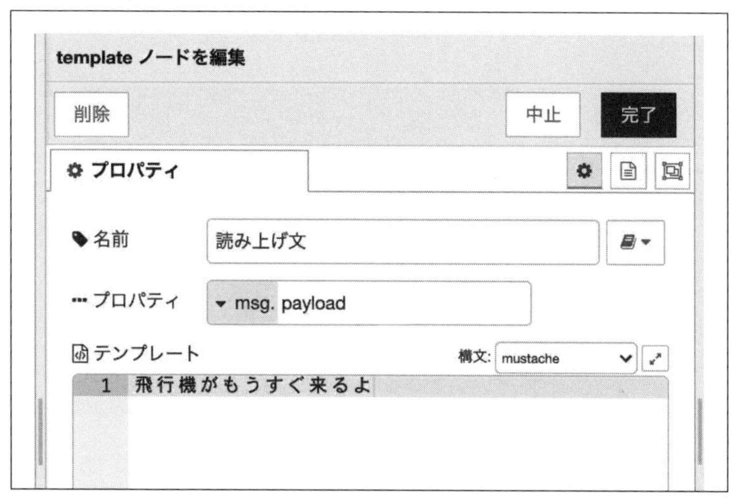


図 5-4-11　template ノードのプロパティ設定

「play audio ノード」は、ブラウザ上で音声合成を行ない再生するためのノードです。

「audio play ノード」についても、「Node-RED」標準搭載されていないため、「node-red-contrib-play-audio」を「パレットの管理」からインストールします。

本ノードは、デフォルトで「msg.payload」に含まれた文字列を音声で読み上げる仕様になっています。

そのため、本ノードのプロパティ設定の変更は必要ありません。

**[3]** フローが完成したら、デプロイボタンを押して動作確認をする。

ブラウザでフローエディタを表示したまま、しばらくすると、PC のスピーカーから「飛行機がもうすぐ来るよ」という音声が再生されます。

この時、「geofence ノード」で指定した範囲内に飛行機が飛んでいるはずです。

雲の無い晴天時であれば、**図5-4-12のように**、実際に飛んでいる飛行機を確認できるでしょう。

「OpenSky Network」から現実世界のデータをリアルタイムに取得できていることが分かります。

図5-4-12　飛行機を目視確認

## 5.5 「HTML表示」と連携する

### ■「HTTPリクエスト」で画面表示

ここでは、**3-4節**で解説した「HTTPリクエスト」の内容をさらに踏み込んで、簡単な「アンケートページ」を例に、「CSSフレームワーク」を利用した画面装飾、受信したアンケート内容のデータの保存など、実用的な画面の構築について解説します、

＊

ここで作る処理の仕組みは、まず「/form」というURLにアクセスすると、クイズを出題する「アンケートページ」が表示されます。

「クイズの解答」と「回答者のニックネーム」を入力して、その回答データを送信すると、「/entry」というURLで「回答後ページ」を表示しつつ回答データを受け取ります。

そして同時に、ローカルのフォルダに「CSVファイル」として、回答データが保存される、という流れです。

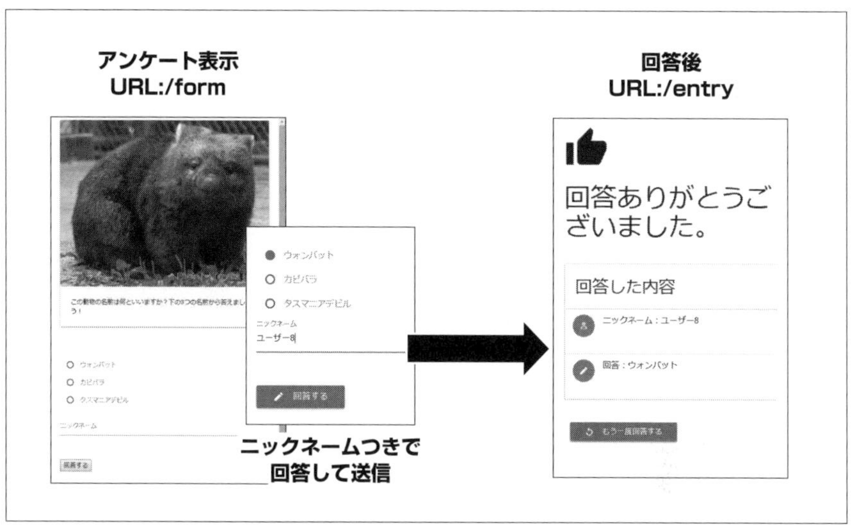


図 5-5-1　ここで作る「アンケートフォーム」の仕組み

## ■ フローの基礎を作る

**3-4 節**のフローをベースにして、「http 入力ノード」「template ノード」「http response ノード」で、HTML を表示するフローを組みます。

**図 5-5-2** のように、「/form」という URL でアンケートページが表示されるフローと、「/entry」という URL で「回答後ページ」を表示するフローを作ります。

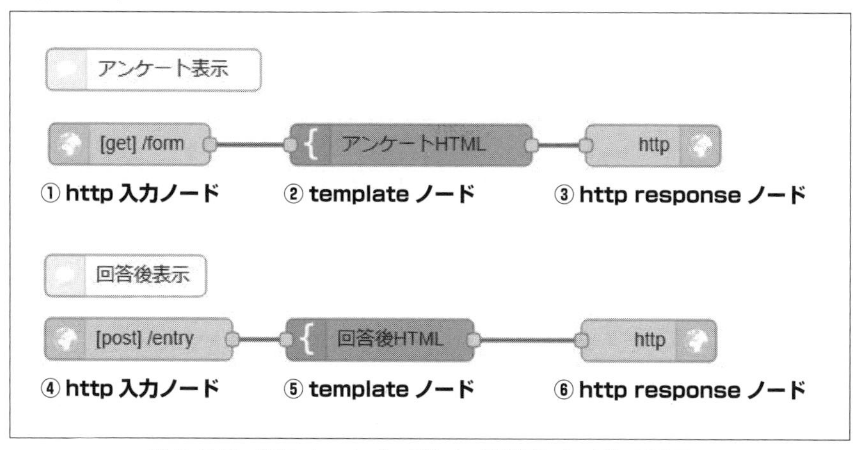


図 5-5-2 「アンケートページ」と「回答後ページ」のフロー

それぞれのノードの設定は、次の通りです。

### ① アンケートページの「http 入力ノード」

「メソッド」を「GET」、「URL」を「/form」に設定します。

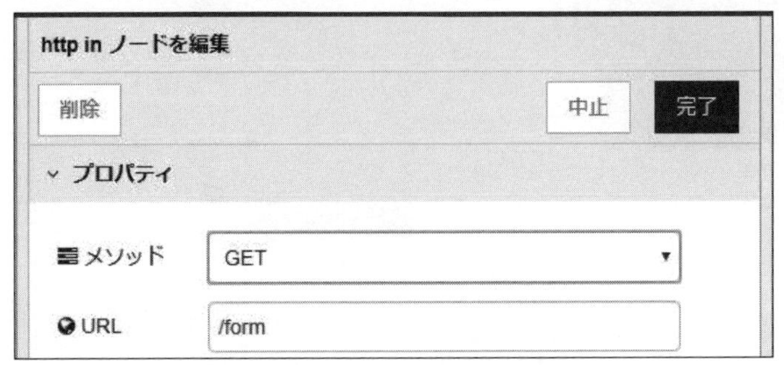


図 5-5-3 「http ノード」の設定

### ② アンケートページの「template ノード」

「template ノード」は、ほとんどの設定は配置時のデフォルトのままです。
「名前」だけ分かりやすく変更しておきましょう。
テンプレート内容については、後ほど詳しく説明します。

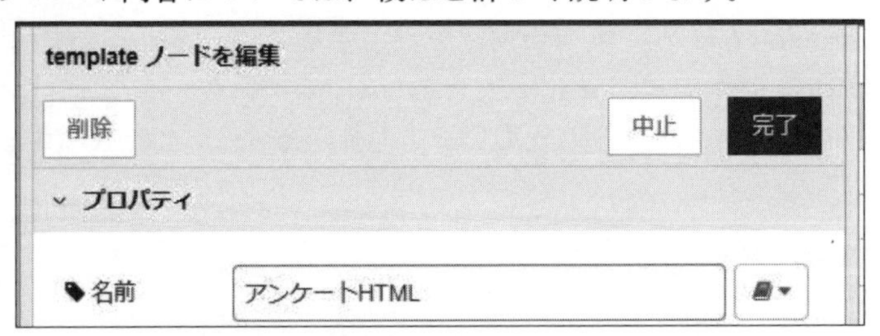


図 5-5-4 名前を「アンケート HTML」に変更

### ③ アンケートページの「http response ノード」

特に設定は行ないません。

### ④ 回答後ページの「http 入力ノード」

「メソッド」を「POST」、「URL」を「/entry」に設定します。

### ⑤ 回答後ページの「template ノード」

②と同じ設定にします。
名前だけ、分かりやすく変更しておきましょう。

図 5-5-5　名前を「回答後 HTML」に変更

### ⑥ 回答後ページの「http response ノード」

特に設定は行ないません。

---

フローが出来上がったら、「アンケートページ」「回答後ページ」それぞれの「テンプレート内容」を作っていきます。

## ■ CSSフレームワーク「Materialize」の導入

アンケートページの「見た目」は、ユーザーに興味をもってもらう、そして回答してもらうのに、とても重要な役割をもっています。

ここではページの「見た目」を整えるために、「CSS フレームワーク」の「Materialize」というものを利用します。

＊

「Materialize」は、HTML がシンプルに記述でき、さまざまな装飾が使えます。

また、「CDN」（Content Delivery Network）を使うことができ、ローカルで動かすことの多い「Node-RED」での利用にも向いています。

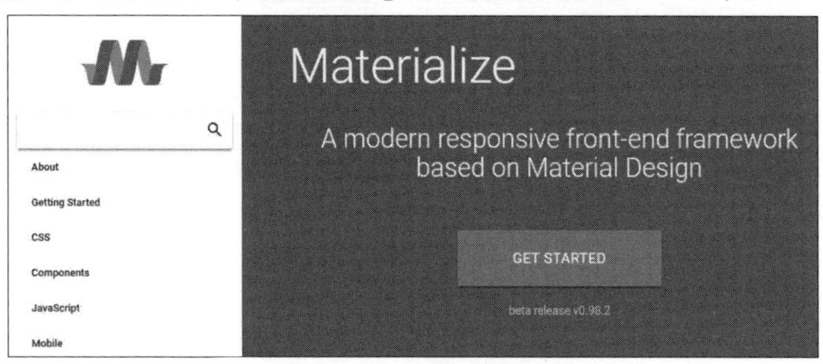


図 5-5-6　「Materialize」の配布サイト
http://materializecss.com/

### ●「templateノード」の設定を変更

アンケートページの「templateノード」に、「Materialize」を取り入れたHTML反映します。

＊

本書サンプルファイル（template01）を開き、「テンプレート」の内容をクリップボードにコピーします。

そして、アンケートページの「templateノード」のプロパティ設定を開いて、アンケートページHTMLを「テンプレート」のテキストエリアに反映します。

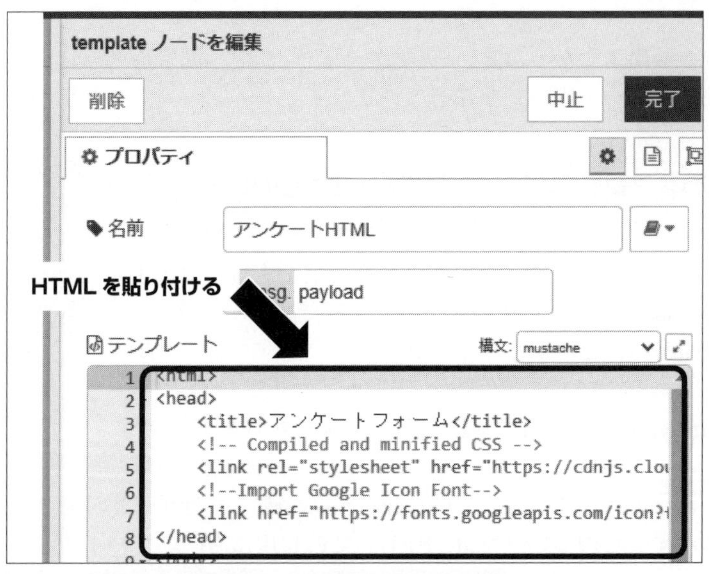


図5-5-7 「テンプレート」に反映

回答後ページの「templateノード」のプロパティ設定にも、回答後ページHTMLを、「テンプレート」のテキストエリアに反映します。

図 5-5-8　回答後ページの「template ノード」も同様の設定を行なう

## ● デプロイしてブラウザで表示してみる

設定が終わったらデプロイして、ブラウザで「http://localhost:1880/form」にアクセスしてみましょう。

アンケートページに「Materialize」のデザインが適用されているのが確認できます。

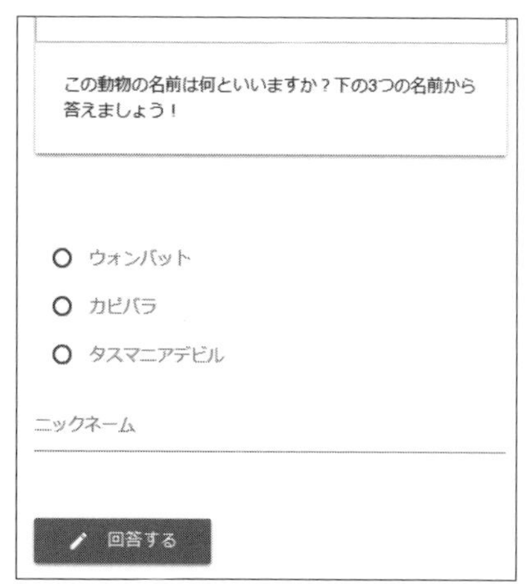


図 5-5-9　「Materialize」を適用されたアンケートページ

回答後ページも確認してください。

「Materialize」のデザインが正しく適用されていれば、**図5-5-10**のようになります。

図5-5-10 「Materialize」を適用した回答後ページ

## ■ 画像を表示する

次に、画像を表示できるように設定を変更します。

これには、**3-2節**で解説した「Node-REDのユーザー・ディレクトリ」にある、「settings.js」を変更します。

「settings.js」にはさまざまな設定がありますが、この中の「httpStaticパラメータ」にフォルダのパスを指定すると、そのフォルダ以下にあるファイルを、静的なWebコンテンツとして表示できるようになります。

この機能を利用して、指定するフォルダ内に「question.jpg」を入れておき、「http://localhost:1880/question.jpg」を表示できるようにしてみましょう。

*

次のリストは、Windows環境の「Node-RED」で、フォルダパスを「C:¥Users¥<user>¥.node-red¥public¥」に設定する例です。

「<user>」は、自分のユーザーフォルダを入れてください。

【リスト 5-6-1】「httpStatic パラメータ」にフォルダパスを指定

```
// When httpAdminRoot is used to move the UI to a different root path, the
// following property can be used to identify a directory of static content
// that should be served at http://localhost:1880/.
httpStatic: 'C:¥¥Users¥¥<user>¥¥.node-red¥¥public¥¥',
```

「public フォルダ」は、「Node-RED のユーザー・ディレクトリ」内に指定しています。

また、Windows のフォルダパスであるため、「¥¥」のエスケープ文字を使っています。

Mac や Linux であれば、「/home/pi/.node-red/public」とエスケープせずに指定が可能です。

| 名前 | 更新日時 | 種類 | サイズ |
|---|---|---|---|
| lib | 2016/06/08 23:27 | ファイル フォルダー | |
| node_modules | 2017/06/02 0:50 | ファイル フォルダー | |
| public | 2017/07/09 22:20 | ファイル フォルダー | |
| .config.json | 2017/07/01 0:05 | JSON ファイル | 25 KB |
| .flows_ .json.backup | 2017/06/18 21:37 | BACKUP ファイル | 9 KB |
| .flows_ _cred.json.backup | 2017/06/18 0:05 | BACKUP ファイル | 1 KB |
| flows_ .json | 2017/06/18 21:37 | JSON ファイル | 9 KB |
| flows_ _cred.json | 2017/06/18 0:08 | JSON ファイル | 1 KB |
| package.json | 2017/07/01 0:05 | JSON ファイル | 1 KB |
| settings.js | 2017/03/28 0:12 | JS ファイル | 9 KB |

図 5-5-11　指定した「public フォルダ」は、
「Node-RED のユーザー・ディレクトリ」内に指定

*

「public フォルダ」のフォルダパスを指定したら、「settings.js」を保存して「Node-RED」を再起動しましょう。これで、設定が適用されます。

では、「public フォルダ」直下に、本書サンプルファイルの「question.jpg」を配置してください。
(フォルダ内に配置されたものは、階層が考慮された上で表示されます)。

図 5-5-12 「public フォルダ」の直下に「question.jpg」を配置

「http://localhost:1880/question.jpg」にブラウザでアクセスすると、画像が表示されます。

図 5-5-13 配置した画像がブラウザで表示できるようになる

*

ここまでの作業が終わったら、改めてデプロイし、ブラウザで「http://localhost:1880/form」にアクセスしてみましょう。

すると、**図 5-5-14** のように表示されます。

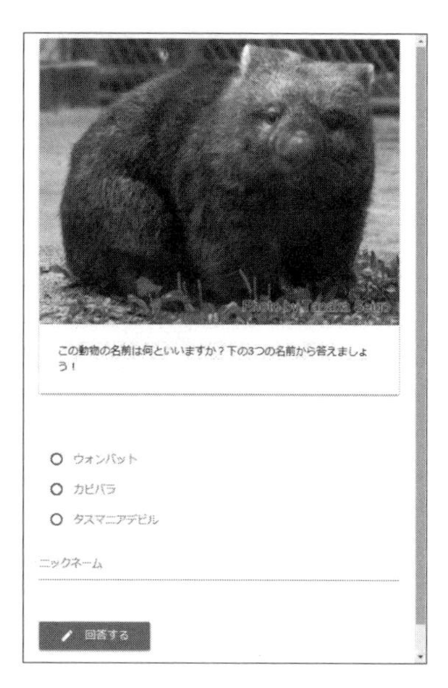


図 5-5-14　アンケートページに画像が表示された

## ■「回答データ」を保存するフローを作る

アンケート全体の流れができたので、最後に「回答データ」を「CSV ファイル」に保存するフローを作りましょう。

「回答後ページ」のフローに手を加えていきます。

＊

次のフローは、「payload」のデータを「csv ノード」によって「CSV データ」に変換し、「file ノード」でデスクトップ直下に「answer.log」として記録する仕組みです。

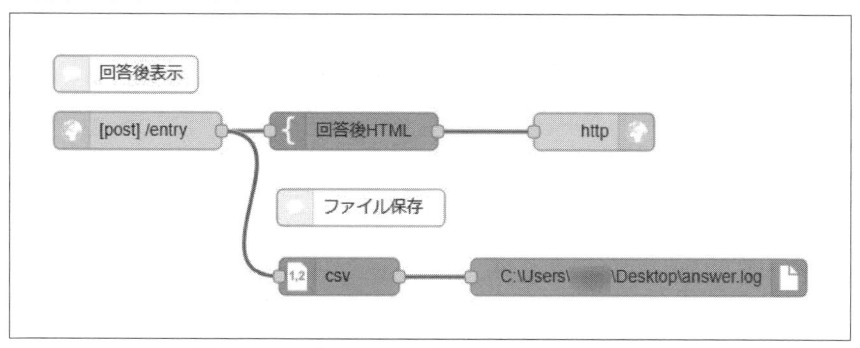


図 5-5-15 「csv ノード」と「file ノード」を追加

## ● csv ノード

「csv ノード」は、入力された「payload」の JSON データを「CSV データ」に変換する働きをもちます。

図 5-5-16 csv ノード

たとえば、

```
{"answer":"ウォンバット","nick_name":"ユーザー1","entry":""}
```

という JSON データを「csv ノード」に入力すると、
ウォンバット , ユーザー 1,
という「CSV データ」に変換されます。

「csv ノード」の設定は、デフォルトのまま特に変更する必要はありません。

## ● file ノード

「file ノード」はその名の通り、指定したファイルパスにファイルを読み書きするノードです。

このフローでは「file 出力ノード」を使って、「追記書き込み」でデータが来るたびに 1 行ごと保存していきます。

図 5-5-17 file 出力ノード

プロパティ設定は、**表 5-5-1** を参照してください。

表 5-5-1 「file 出力ノード」のプロパティ設定

| 項 目 | 設定内容 |
|---|---|
| ファイル名 | C:¥Users¥<user>¥Desktop¥answer.log |
| 動作 | ファイルへ追記 |
| メッセージの入力のたびに改行を追加 | チェックする |

※ <user> には、自分のユーザーフォルダ名が入ります。

file ノードを編集

削除　中止　完了

プロパティ

ファイル名　C:\Users\<user>\Desktop\answer.log

動作　ファイルへ追記

☑ メッセージの入力のたびに改行を追加

☐ ディレクトリが存在しない場合は作成

文字コード

名前　名前

注釈:「ファイル名」にフルパスを設定しない場合は、Node-REDプロセスの実行ディレクトリからの相対パスとなります。

図 5-5-18 「file 出力ノード」の設定

＊

ノードを追加したら改めてデプロイし、アンケートページを開いて回答してみましょう。

回答の内容が、「answer.log」に追記されていくのが確認できます。

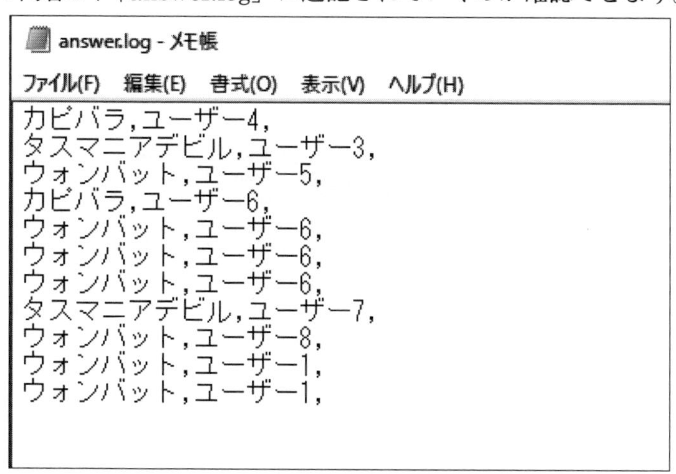

answer.log - メモ帳

ファイル(F)　編集(E)　書式(O)　表示(V)　ヘルプ(H)

```
カピバラ,ユーザー4,
タスマニアデビル,ユーザー3,
ウォンバット,ユーザー5,
カピバラ,ユーザー6,
ウォンバット,ユーザー6,
ウォンバット,ユーザー6,
ウォンバット,ユーザー6,
タスマニアデビル,ユーザー7,
ウォンバット,ユーザー8,
ウォンバット,ユーザー1,
ウォンバット,ユーザー1,
```

図 5-5-19 「answer.log」に追記された様子

＊

「CSS フレームワーク」や「静的ファイル」を利用することは、「Node-RED」で一歩進んだ表現を行ないたいときに役立つはずです。

また、ファイル保存について、より多くのデータを保存し検索性を高めたい場合は、前述の「データベース」を導入すれば、より高度なアンケートフォームの制作も可能になります。

## 5.6 「Arduino」を操作する

### ■「Arduino」と「Node-RED」を組み合わせて使う

**第1章**で「Node-RED」の特徴は、「ハード」と「API」「オンライン・サービス」を簡単につなぐもの、と解説しました。

ここではその具体的な例として、マイコンボードの「Arduino」（Arduino UNO）を、「Node-RED」を使って操作してみます。

なお、「Arduino」への各部品取り付けについては、「Grove starter kit」というシールド（拡張基板）製品を使います。

この製品は、スイッチサイエンス社などの販売店で購入できます。

**< Grove starter kit（スイッチサイエンス社の販売ページ）>**

https://www.switch-science.com/catalog/1812/

図5-6-1 「Arduino UNO」に「Groveシールド」を装着した状態

## ■「Node-RED」に「serialノード」を追加する

ローカルにインストールした「Node-RED」を利用します。

「コマンド・プロンプト」(またはターミナル)を開き、「Node-RED」を立ち上げましょう。

【リスト5-6-1】「Node-RED」を起動する

```
$ node-red
```

そして、「http://localhost:1880」にアクセスします。

*

「Node-RED」のデフォルトの状態では「serial入出力ノード」は存在しないため、**第4章**を参考にノードを追加してください。

「serialport」と検索すると、「node-red-node-serialport」が見つかるので、これをインストールすると、「serialノード」が「入力」と「出力」に追加されます。

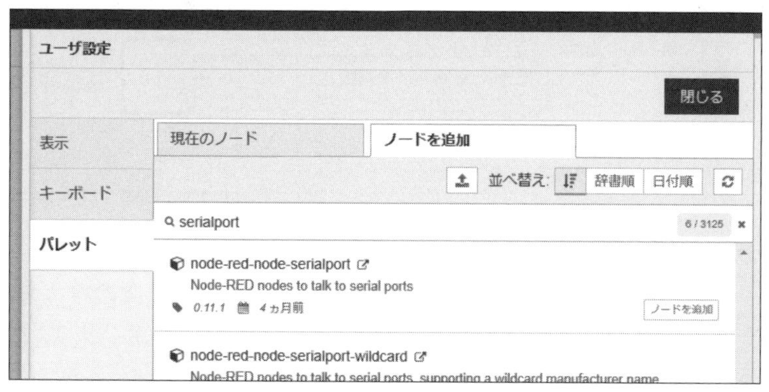


図5-6-2 「node-red-node-serialport」を追加

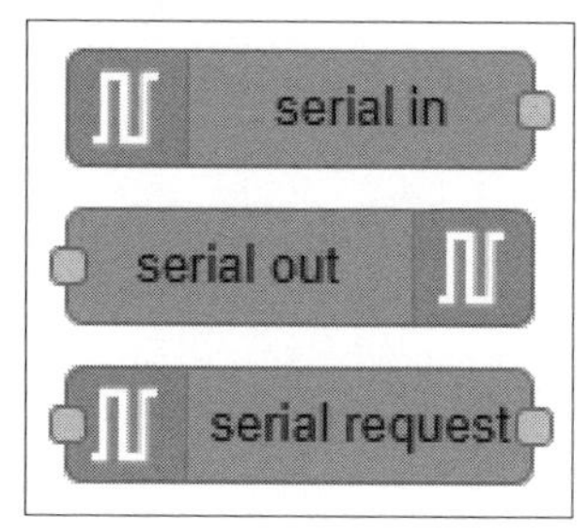


図5-6-3 追加される「serialノード」

## ■「Arduino」から「Node-RED」にデータを送る

まず、「Node-RED」がデータを受け取れるように準備しましょう。

---

[1] 手元にある「Arduino」を USB で PC に接続してから、「serial ノード」をワークスペースに配置。

[2] 配置したら、「serial ノード」をダブルクリックし、プロパティ設定画面を開いてください。

「Serial Port」の欄は「新規に serial-port を追加」を選択し、その横にある「編集（えんぴつ）ボタン」を押します。

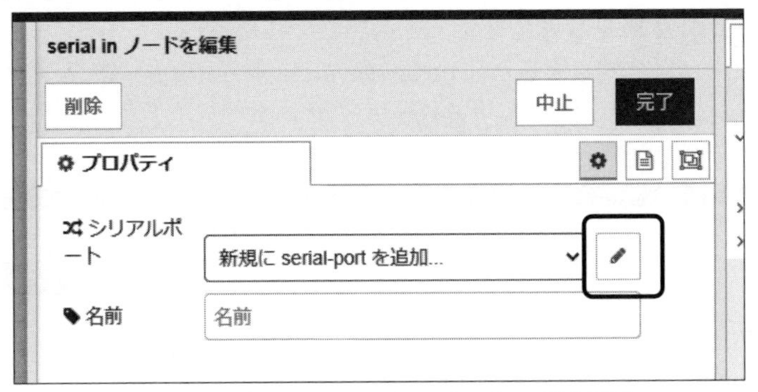


図 5-6-4 「serial ノード」のプロパティ設定画面

[3] ノードの設定を追加する画面が開くので、「Serial Port」欄の右にある「検索ボタン」を押して、「Arduino」を接続しているポートを選びます。

> ※「Arduino」を接続しているポートが分からない場合は、「ArduinoIDE」を開いて、「ツール」→「シリアルポート」から確認できます。
> 「ArduinoIDE」から USB のポートを選択していないと、「Node-RED」の設定で USB ポートが検出されない場合があるので、注意してください。

他の設定は特にいじらず、そのまま「追加」→「完了」を押します。

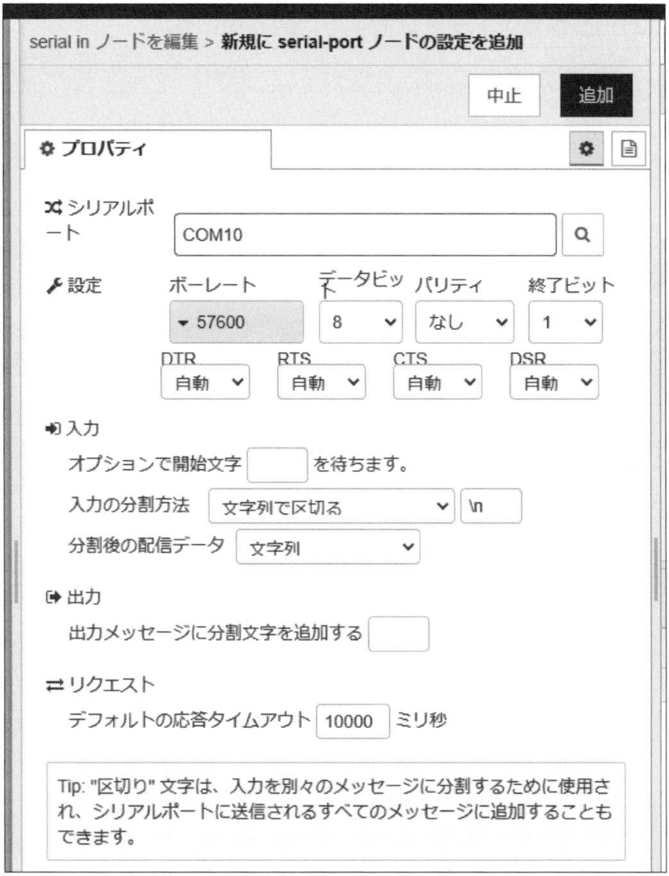

serial in ノードを編集 > **新規に serial-port ノードの設定を追加**

中止 追加

プロパティ

シリアルポート COM10

設定 ボーレート 57600 データビット 8 パリティ なし 終了ビット 1

DTR 自動 RTS 自動 CTS 自動 DSR 自動

入力

オプションで開始文字 を待ちます。

入力の分割方法 文字列で区切る \n

分割後の配信データ 文字列

出力

出力メッセージに分割文字を追加する

リクエスト

デフォルトの応答タイムアウト 10000 ミリ秒

Tip: "区切り" 文字は、入力を別々のメッセージに分割するために使用され、シリアルポートに送信されるすべてのメッセージに追加することもできます。

図 5-6-5 「Arduino」を接続しているポートを選択

[4]「debug ノード」をつなぎ、「デプロイ」を押します。

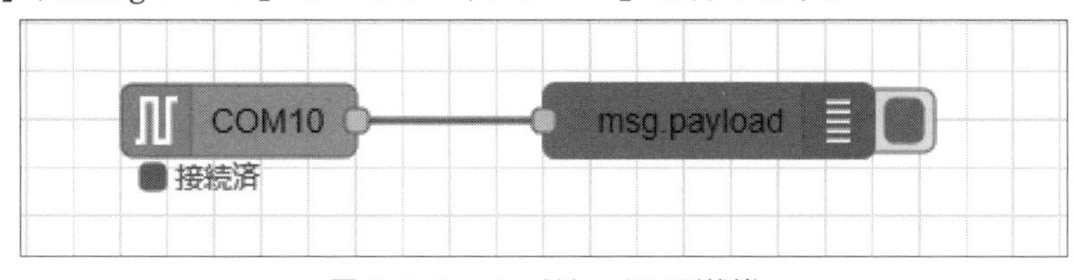


図 5-6-6 ノードをつないだ状態

これで、「Arduino」のデータを受け取る準備は完了です。

### ●「Arduino」からデータを送信する仕組みを作る

次に、「Arduino」からデータを渡すコードを書いていきます。

*

「ArduinoIDE」を開き、**リスト5-6-1**を「Arduino」に書き込みます。

【リスト5-6-1】「Arduino」からデータ送信

```
const int pinButton = 3;


void setup()
{
  Serial.begin(57600);
  pinMode(pinButton, INPUT);
}


void loop()
{
  if(digitalRead(pinButton))
  {
    Serial.println(1);
  }
  else
  {
    Serial.println(0);
  }
  delay(1000);
}
```

ポイントは、「Serial.begin( )」の値が、「serialノード」の設定項目にある「Baud Rate」と同じということです。

「delay()」の値は、好みで調整してください。

また、1行目にある通り、「Arduino」のD3ピンに、「タクト・スイッチ」をつないでおきます。

図5-6-7 「Arduino」に「タクト・ボタン」を接続

うまくいっていれば、「Node-RED」のデバッグ・ウィンドウに、ボタンを押していなければ「0」が、ボタンを押していれば「1」が表示されます。

図5-6-8 「タクト・ボタン」を押した状態

*

これで、「Arduino」から「Node-RED」へのデータの受け渡しができました。
後は「twitter ノード」などにつなげば、「1が渡されたらツイートする」などの機能を実装できるようになります。
いろいろと試してみてください。

## ■「Node-RED」から「Arduino」にデータを送る

次に、「Node-RED」から「Arduino」に、データを送ってみます。
方法としては、「Node-RED」で「GET」のAPIを作り、そのパラメータ情報を「Arduino」に送信する、という流れです。

＊

まずは、「GET」のAPIを作るを作ります。

[1]「入力」にある「http ノード」を配置して、次のように設定。

表5-6-1 「http ノード」の設定

| 項　目 | 設定内容 |
|---|---|
| Method | GET |
| URL | /arduino |
| Name | 任意 |

[2]「出力」にある「serial ノード」を配置して、次のように設定。

表5-6-2 「serial ノード」の設定

| 項　目 | 設定内容 |
|---|---|
| Serial Port | 前項で設定した Serial Port と同じもの |
| Name | 任意 |

それぞれのノードをつないで、「Node-RED」側の設定は完成です。

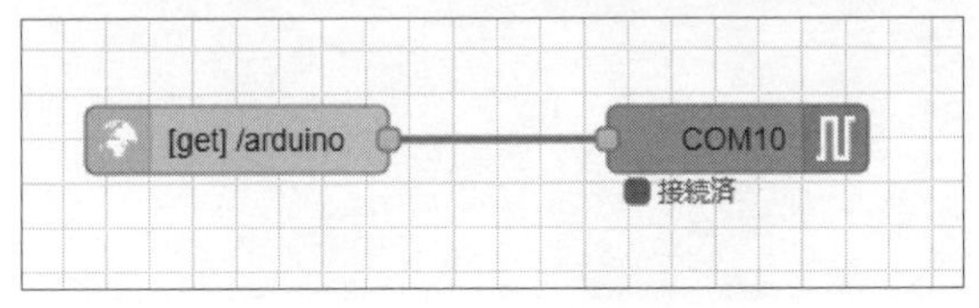


図5-6-9 ノードを接続した状態

## ●「Arduino」でデータを受け取る仕組みを作る

データは「JSON 形式」で送信されてきます。

そのため、まずは「JSON データ」の書き込みと読み取りを行なう、「JSON パーサ」という仕組みを入れます。

＊

「ArduinoIDE」を開き、「スケッチ」→「ライブラリをインクルード」→「ライブラリを管理」を選択します。

そして、「ライブラリ・マネージャ」から「json」で検索し、「ArduinoJson」をインストールしてください。

インストールが完了したら、「IDE」を再起動します。

ここまで出来たら、後はコードを実装し、「サーボ・モータ」を「Arduno」に追加していきましょう。

＊

**リスト 5-6-2** を、「Arduino」に書き込みます

【リスト 5-6-2】「Arduino」でデータを受け取る

```
// Jsonパーサを追加
#include <ArduinoJson.h>
// Servo追加
#include <Servo.h>

const int pinButton = 3;
const int servoMotor = 2;
Servo myservo;

void setup()
{
  Serial.begin(57600);
  pinMode(pinButton, INPUT);
  myservo.attach(2);
```

```
}

void loop()
{
  if(digitalRead(pinButton))
  {
    Serial.println(1);
  }
  else
  {
    Serial.println(0);
  }

  // 文字列取得
  String serialString = Serial.readString();

  // jsonパースの準備
  // json用の固定バッファを取得
  StaticJsonBuffer<255> jsonBuffer;

  char json[255];
  serialString.toCharArray(json, 255);
  JsonObject& jsondata = jsonBuffer.parseObject(json);

  // パースが成功したか確認。
  if (!jsondata.success()) {
    Serial.println("parse failed");
    return;
  }else{
    int servo = jsondata["servo"];
    myservo.write(servo);
```

```
  }

  delay(1000);
}
```

コードを書き込んだら、「2番ピン」に「サーボ・モータ」を接続して、以下のURLにアクセスすると、「サーボ・モータ」が指定した角度に動きます。

```
http://localhost:1880/arduino?servo=0
```

「servo=」の値を変更すると、「サーボ・モータ」の角度が変わります。
いろいろな値を試してみてください。

図5-6-10 「Arduino」に「サーボ・モータ」を接続した状態

# 5.7 「IBM Cloud」で「Node-RED」のアプリを作る

## ■「IBM Cloud」とは

IBM Cloudとは、IBM社が展開する「クラウド・プラットフォーム」です。「開発環境」と「実行環境」をクラウド上で利用でき、「IaaS」「PaaS」「SaaS」各レイヤーでサービスを展開しています。

図5-7-1　IBM Cloud
https://www.ibm.com/jp-ja/cloud

## ■「IBM Cloud」における「Node-RED」の位置付け

「Node-RED」は元々IBMが開発したもので、その後オープンソースとして寄贈されたものです。

そのような背景もあり、「IBM Cloud」でも「クラウド・サービス」のひとつとして、「Node-RED」がデフォルトで用意されており、すぐに利用できます。

「IBM Cloud」では、よく使われるランタイムとサービスの組み合わせが、「ボイラー・プレート」と呼ばれるテンプレートで用意されています。

この「ボイラー・プレート」を使って「Node-RED」のフローエディタ

を作ると、Web アプリケーションの基礎部分が DB を含めて自動で作られ、「Node-RED」自体の配備まで行なわれます。

## ■翻訳アプリを作成

ここでは、「IBM Cloud」と「Watson」*の「Language Translator API」を利用して、「Node-RED」で簡単な「翻訳 WEB アプリ」を作ってみます。

＊ IBM 社が開発する、自然言語処理および機械学習による、大容量非構造化データ洞察テクノロジー・プラットフォーム。

「翻訳 Web アプリ」が行なう処理の流れは、次の通りです。

①アプリ上で、任意の文字列を指定。
②「Watson Language Translator」が文字列を翻訳。
③翻訳結果を Web アプリの画面に表示。

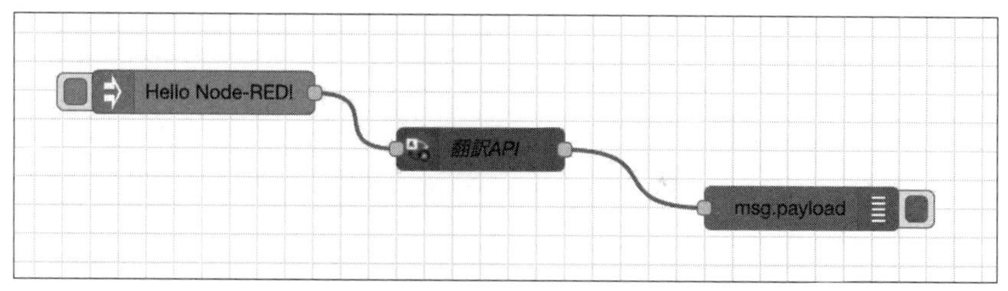


図 5-7-2 「翻訳 Web アプリ」の完成イメージ

## ■「Node-RED」サービスの起動

では、「IBM Cloud」で「Node-RED」を使ってみましょう。

### ●「IBM Cloud アカウント」を作る

まずは「IBM Cloud アカウント」を作りましょう。

クレジットカードは不要です。「ライトアカウント」というつまでも無償で使えるアカウントが作成されます。

[1]「IBM Cloud」のページにアクセス。

```
https://cloud.ibm.com/
```

[2]「IBM ID」をもっている場合は、サインイン。

「IBM ID」をもっていない場合は、[アカウントをお持ちでない場合 アカウントの作成]から、画面に従って必要な情報を入力し、アカウントを作成してください。

途中、Eメールの検証では登録対象メールアドレスへ検証コードが送られるので、受信したメールに記載の検証コードを入力して先に進んでください。

図5-7-3 「IBM Cloud ライトアカウント」を作る

これで、「IBM Cloud ライトアカウント」の作成は完了です。

「IBM Cloud」にはじめてログインする際には、「地域」や「組織名」「スペース」などの入力を求められますので任意の値を指定するようにしてください。

### ●「Node-RED」を利用するための準備

次に、「IBM Cloud」上で「Node-RED」を利用できるようにします。

**[1]** 画面右上にある「カタログ」をクリック。

図 5-7-4 「カタログ」メニューを選択

**[2]** ソフトウェアカタログの「Developer Tools」カテゴリーから「Node-RED App」を選択。

検索窓からキーワードで検索するとすぐに見つけられます。

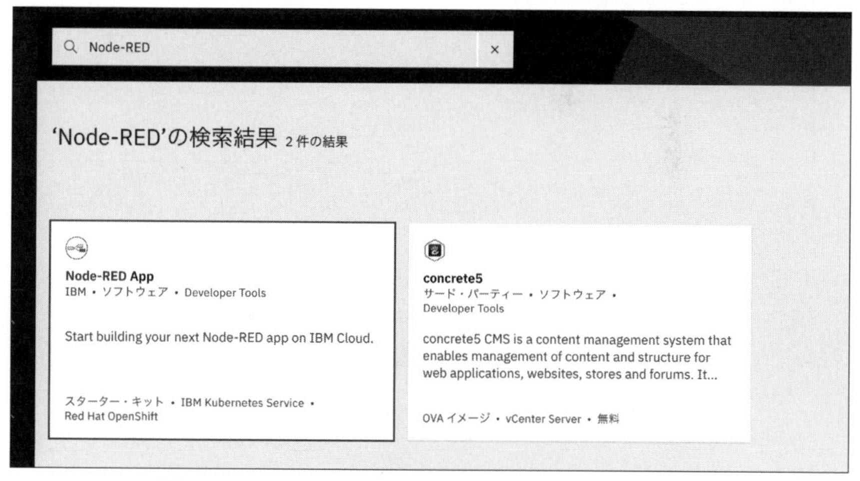


図 5-7-5 キーワード検索し、「Node-RED App」を選択

**[3]** アプリの作成画面「Node-RED」に遷移するので、[作成タブ] を選択し、必要情報を入力し、[作成] ボタンをクリック。

その際、Node-RED と接続するデータベースの Cloudant も同時に作成します。

Cloudantの料金プランは「Lite」を選択します。(無償で使える料金プラン)

| 項目 | 値 | 備考 |
|---|---|---|
| アプリ名 | 任意の文字列 | デフォルトではこの値がホスト名(=サブドメイン)になる |
| プラットフォーム | Node.js | デフォルト値 |
| Cloudant のリージョン | 任意の場所 | データセンターの場所、例では「東京」を選択 |
| Cloudant の料金プラン | Lite | 無料プラン、デフォルト値 |

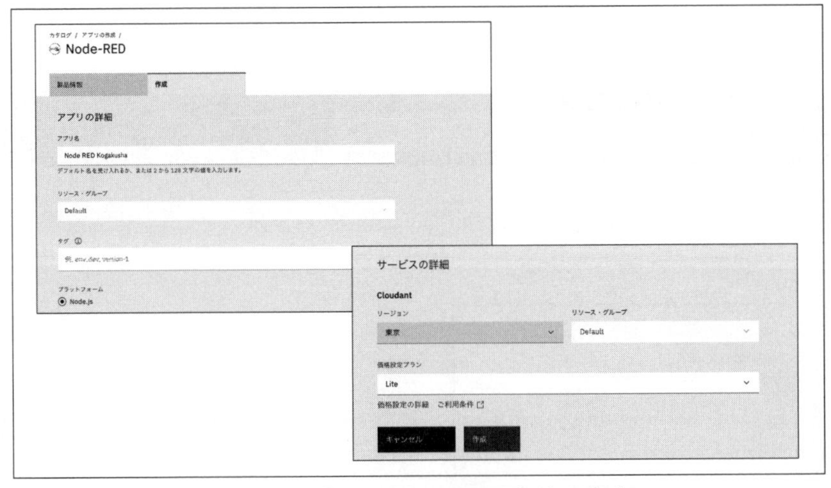


図 5-7-6　「Cloud Foundry アプリ」の作成

**[4]** 詳細画面へ遷移後、しばらくするとCloudantの準備中が完了する。

その後［デプロイメント自動化］タイルの［アプリのデプロイボタン］をクリックします。

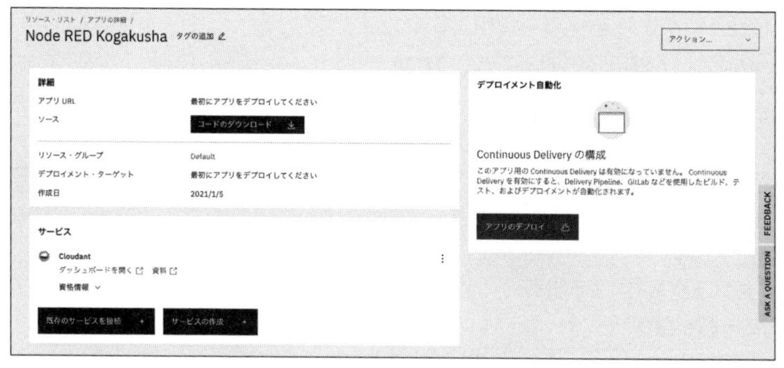

図5-7-7　アプリのデプロイ

**[5]**「デプロイメント・ターゲット」を選択する画面に遷移するので、どこにデプロイするかを選択。

「Kubernetes」や「OpenShift」も選択できますが、本書で作成しているライトアカウントでは利用できないため、本ステップではライトアカウントでも利用可能な「Cloud Foundry」を選択します。

標準アカウント（PAYGやサブスクリプション）をご利用の方は、「Kubernetes」や「OpenShift」も選択できますが、非常に高額な課金が発生するサービスですので誤って選択してしまわないようご注意ください。

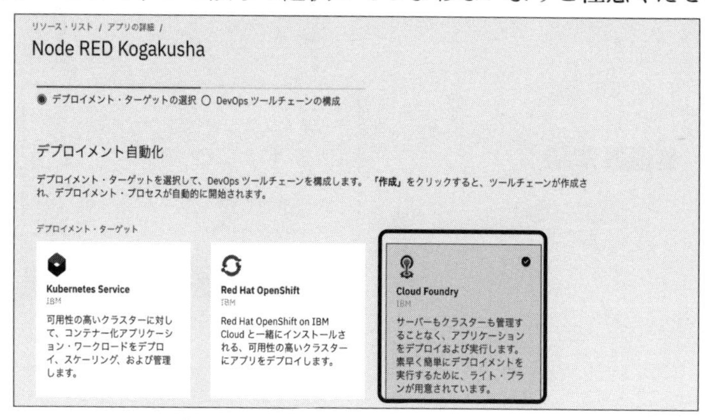

図5-7-8　「Cloud Foundry」を選択

画面を下へスクロールし、「IBM Cloud API 鍵」を作ります。

［新規］ボタンをクリックして、ポップアップ画面で変更を加えずにそのまま［OK］ボタンをクリックしてください。

ポップアップ画面が閉じられ、IBM Cloud API 鍵が自動で生成されます。

その他の項目は以下の表を参考に設定してください。

| 項目 | 値 | 備考 |
|---|---|---|
| インスタンスの数 | 1 | デフォルト値 |
| インスタンス当たりのメモリー割り振り | 256MB | デフォルト値 |
| リージョン | 任意の場所 | データセンターの場所、例では「ダラス」を選択（本書執筆時点では東京 DC の選択は不可） |
| 組織 | 任意の組織 | ライトアカウントではデフォルト値のみ選択可能 |
| スペース | 任意のスペース | ライトアカウントではデフォルト値のみ選択可能 |
| ホスト | 自動設定 | デフォルト値、変更可能<br>IBM Cloud 上において、同一ドメイン配下で一意であること |
| ドメイン | 自動設定 | デフォルト値、選択リストから変更可能 |

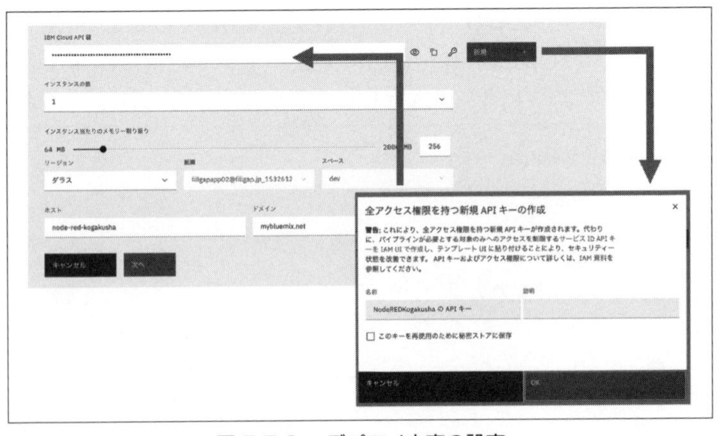


図 5-7-9　デプロイ内容の設定

すべて設定、選択が完了したら［次へ］ボタンをクリックしてください。

**[6]**「DevOps ツールチェーン」を構成。

「ツールチェーン名」を設定し、「リージョン」を選択します。

ツールチェーン名はデフォルト値のままで結構です。

「リージョン」も、デフォルト値のままで問題ありませんが、こちらは「東京 DC」も選択可能です。

好きなリージョンを選択してください。

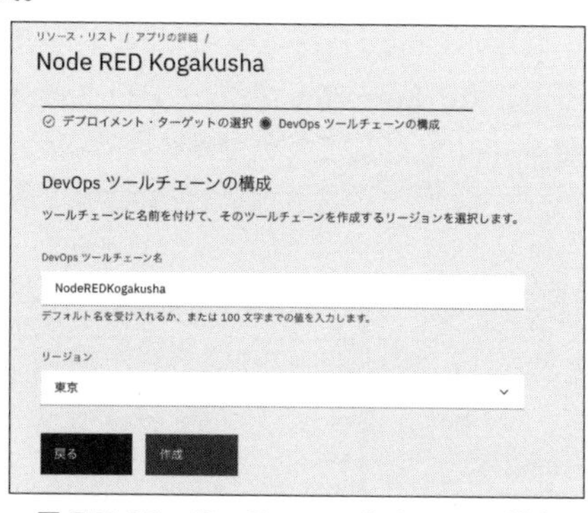


図 5-7-10　DevOps ツールチェーンの設定

設定したら［作成］ボタンをクリックします。

**[7]**　アプリケーションの起動を行ないます。

アプリの詳細画面へ戻るので、[ デプロイメント自動化 ] タイルから [ci-pipeline] をクリックし [ci-pipeline ダッシュボード ] にある [ 名前 ] のリンクをクリックします。

その先の画面でプロセスがすべて終了し、ステータスが [Succeeded] となれば OK です。

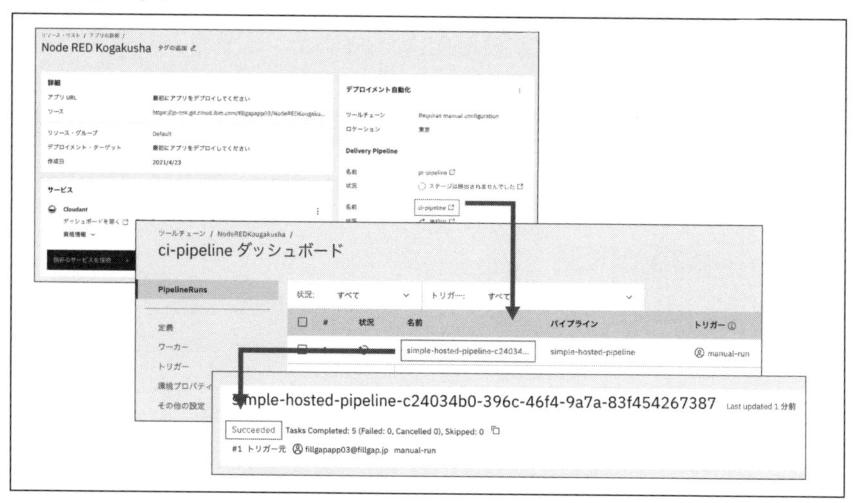


図 5-7-11　Delivery Pipeline を開く

これで、アプリケーション起動の準備は完了です。

「IBM Cloud」ダッシュボードのTopから[リソースの要約]タイルにある[Cloud Foundryアプリ]をクリックし、作ったNode-REDアプリの名前をクリックしてください。

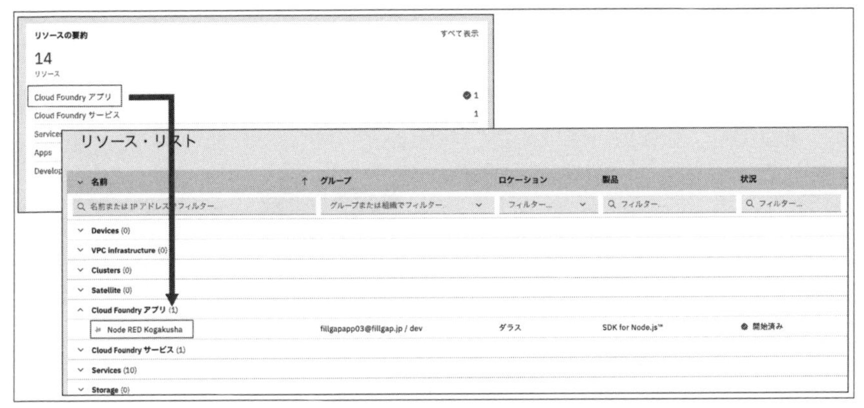


図5-7-12　アプリケーションのコンソールを表示

アプリケーションのステータスが「緑色の丸印」とともに「実行中」になります。この状態になれば、「IBM Cloud」の「Node.js」実行環境上に、「Node-RED」がデプロイされたことになります。

実行中の右側にあるURLが、「IBM Cloud」上にステージングされた「Node-REDフローエディタ」のURLになるので、これをクリックしてください。

図5-7-13　「Node-RED」のステージング完了

初めて「Node-RED フローエディタ」へアクセスすると、**図 5-7-14** のようなウィザードが表示されます。

この流れの中で、フローエディタへログインするユーザー名とパスワードを設定してください。

設定は任意になりますが、設定しない場合フローエディタの URL を知っている方であれば誰でもアクセスできることを意味します。

すなわち、そこへデプロイされているフローを勝手に編集することも、削除することも可能であるということなので、設定することをおすすめします。

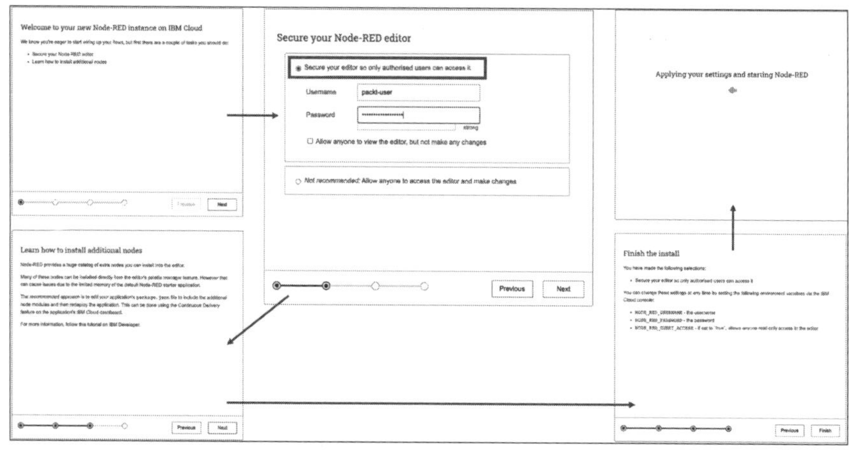


図 5-7-14　フローエディタへのアクセス情報設定

ウィザードを完了すると、「Node-RED フローエディタ」の TOP ページへのアクセスが可能になります。

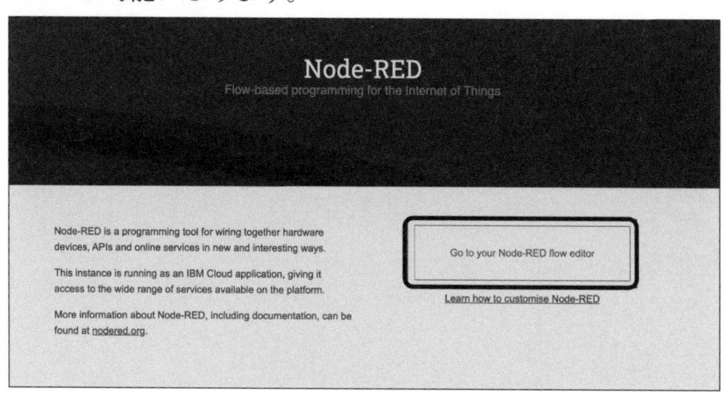


図 5-7-15　Node-RED フローエディタ TOP ページ

おつかれさまでした。

これで「Node-RED フローエディタ」を「IBM Cloud」上で起動することができました。

## ■IBM Cloud上のその他のサービス

IBM Cloud 上で稼働することができるサービス・アプリはおよそ 350 種類以上にも及びます(標準アカウント、有償サービス含む)。

その中には、「コグニティブ /AI」の分野で有名な「Watson」も用意されており、API として簡単に利用することが可能です。

アプリケーション実行環境や Watson 以外にも、「ブロックチェーン」「コンテナオーケストレーション」「サーバーレス」「各種ミドルウェア」などの便利なサービスを簡単に作成して管理や運用ができます。

「Node-RED」は IBM Cloud 上ではそういったサービスの中の一つとして用意されており、簡単に使い始めることができます。

## ■翻訳アプリを作成

ここでは、IBM Cloud と Watson の Language Translator API を利用して、簡単に翻訳アプリケーションを作成する方法を紹介します。

アプリケーションといっても UI を伴わない、Node-RED フローエディタ上で完結するシンプルなものです。

手順は、以下の通りになります。

1. Node-RED で Watson Language Translator API を使ったフローを作成する
2. フローを実行して翻訳処理を行なう
3. 翻訳結果をログへ出力させる

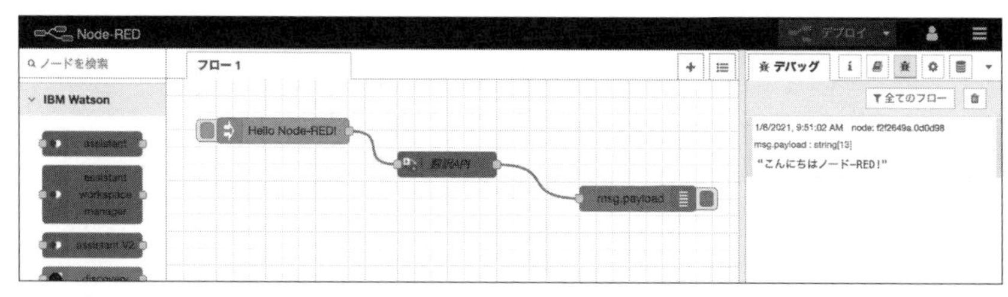


図 5-7-16 完成イメージ

## ■Watson Language Translator APIサービスの作成

ここからは、「Watson Langage Translator API」のサービスを起動する方法を説明します。

手順は非常に簡単です。

**[1]** IBM Cloud 上の「カタログ」を選択し「Language Translator」を選択。

Node-RED App を探した時のように、検索窓に「Watson」と入力すると、対象が絞り込まれ、簡単に見つけることができます。

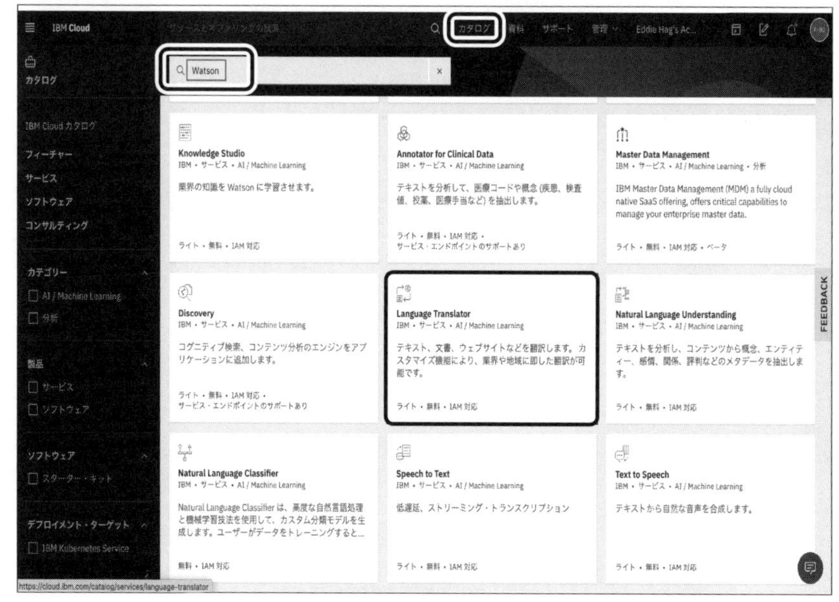


図 5-7-17 サービスの作成～「Language Translator」の選択

サービスは、アプリと違って名称は特に意識しなくても大丈夫です。
リージョンは任意の場所で結構です。

**[2]** 価格プランで「ライト」を選択して［作成］をクリック。

アカウントが標準アカウント（PAYGやサブスクリプション）の場合、標準プランも選択できてしまうので、課金が発生しないようにご注意ください。

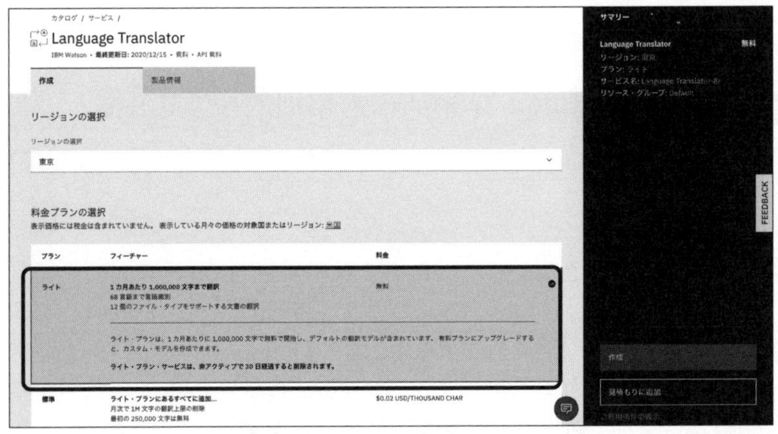


図5-7-18　価格プランを選択し作成

**[3]** しばらくするとLanguage Translatorサービスが作成されます。

自動的に、作ったサービスの管理画面へ遷移します。
ステータスが「アクティブ」になっていれば成功です。

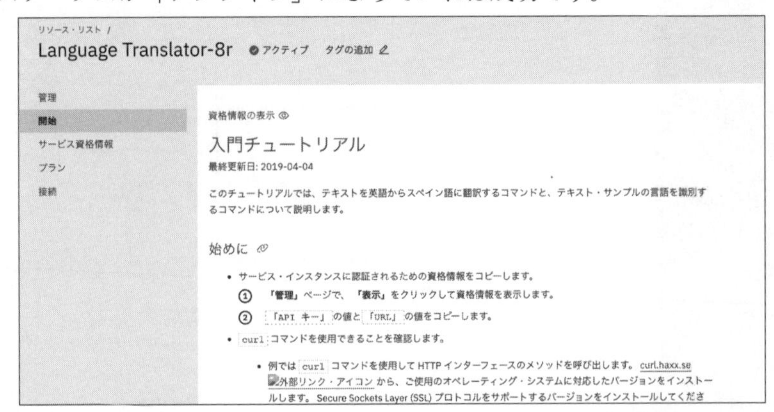


図5-7-19　「Language Translator」サービス作成の成功

## ■Language Translator とNode-REDの接続

IBM Cloud ではサービス同士を接続することで、接続したサービス間の認証ロジック実装を省略することができます。

通常であれば、「Node-RED」から「Watson」などの Web API を呼び出す際は API のクレデンシャル情報を利用して認証を行なわなくてはなりません。

しかし、IBM Cloud 上の「Node-RED」は、予め同じクラウド上にある「Watson Language Translator API」と接続をしておくことで認証処理の実装を省略して利用することが可能です。

**[1]**「IBM Cloud」のダッシュボードから作成した「Language Translator API」の管理画面を開く。

[リソースの要約タイル]の[Cloud Foundry アプリ]リンクをクリックします。

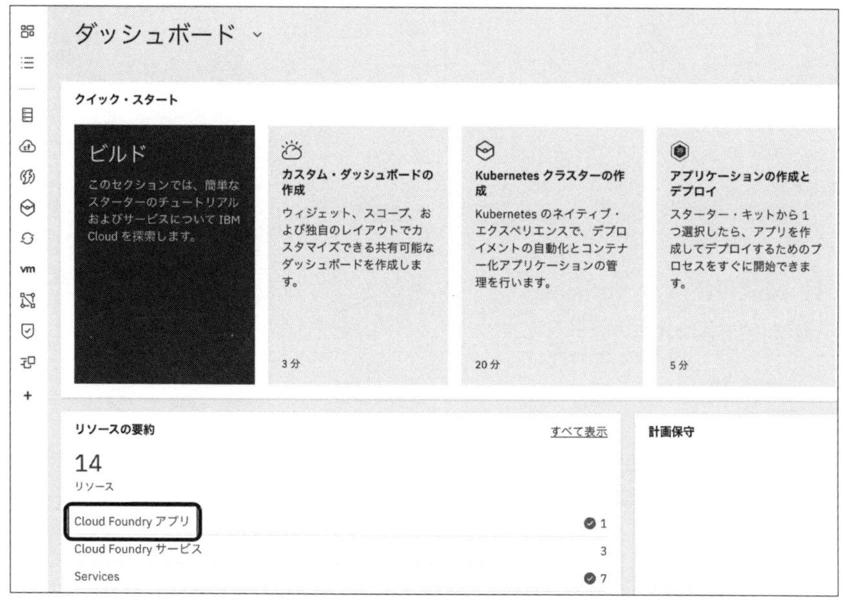


図 5-7-20 「Cloud Foundry アプリ」をクリック

[2] リソースリストの「Cloud Foundry アプリ」配下に、作った「Node-RED アプリ」があるので、それをクリック。

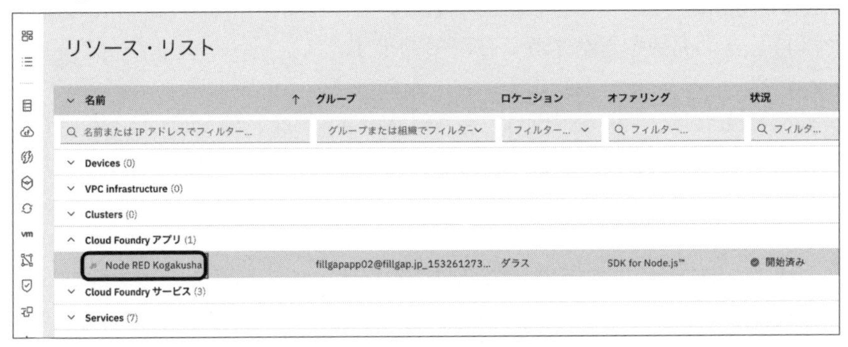


図 5-7-21　作成した「Node-RED アプリ」をクリック

[3] 「Node-RED アプリ」の管理画面が開いたら、左側のメニューから［接続］を選択。

右上の青い［接続の作成］ボタンをクリックしてください。

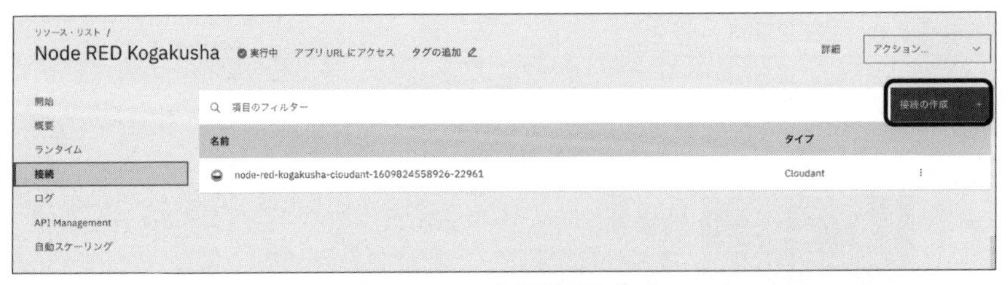


図 5-7-22　新規接続を作成

[4] 接続可能なサービスのリストが表示されるので、前の手順で作成した「Language Translator」を選択し、［次へ］をクリック。

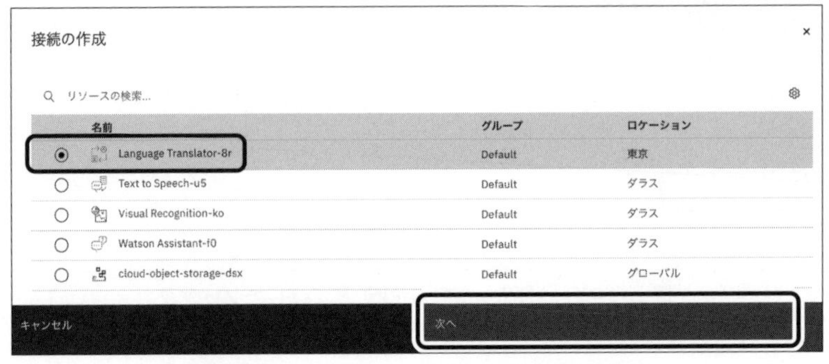


図 5-7-23　Language Translator を選択

**[5]** 設定項目はデフォルトの状態のまま［接続］をクリック。

接続が完了すると「Node-RED」アプリの再起動（再ステージング）を促されるので、再ステージングしてください。

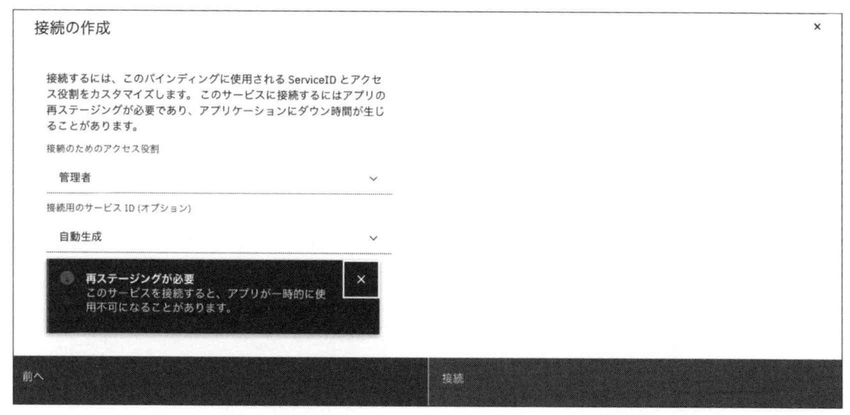


図 5-7-24　接続を完了させ「Node-RED」の再ステージング

**[6]** 再ステージングが完了したら、再度「Node-RED フローエディタ」を起動。

以前起動したものがブラウザに残っている場合は閉じた上で新たに起動するか、ブラウザをリロードしてください。

リロードした場合、再度ログインを求められる可能性があります。

図 5-7-25　Node-RED フローエディタへアクセス

## ■Node-REDでフローを作ってみよう

今回は、「Node-RED」をWebアプリケーションのベースとして使い、その中で「Watson Language Translator API」を呼び出して利用します。

完成形のフローは**図5-7-26**のようになります。

このフロー上に配置されている各ノードについて、ここから説明を行なっていきます。

なお、説明の中で触れていない項目についてはデフォルト値とし、各ノードの名称は説明上付与しているものです。

実際の名称はお好きな文字列を指定して結構ですし、ブランクのままでも問題ありません。

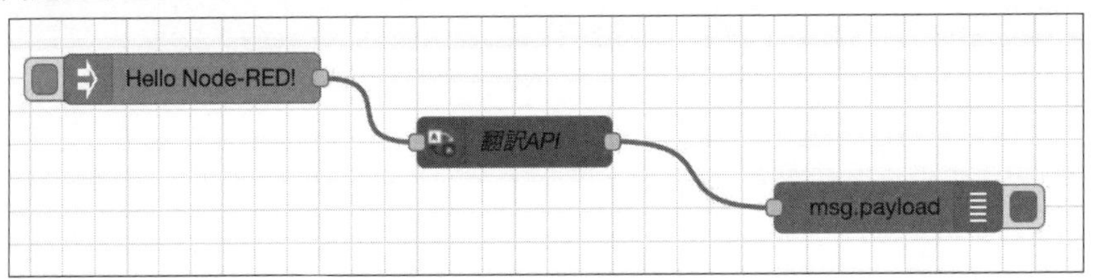


図5-7-26　フロー完成図

### ● language translator ノードを配置する

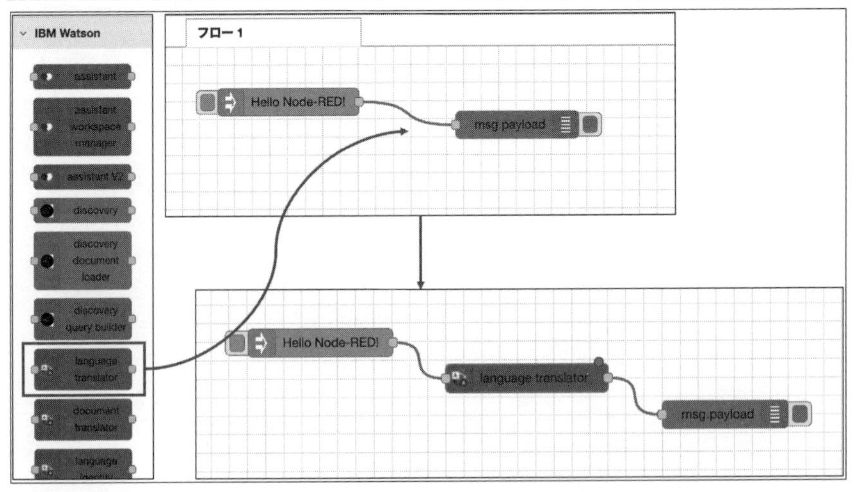


図5-7-27　language translator ノード

**[1]**「IBM Cloud」上で「Node-RED App」を作成。

デフォルトで「Watson」の各種APIを呼び出すためのノードがインストールされています。

**[2]** IBM Watsonグループから「language translator」ノードを選択。

デフォルトで用意されているフロー1の「inject」ノードと「debug」ノードの間に配置します。

設定値

| Name | 翻訳API　※任意の名前でOK |
|---|---|
| Service Endpoint | ブランク |
| Mode | Translate |
| Domains | General |
| Source | English |
| Target | Japanese |
| Parameters Scope | True |

設定値については、以下の画像も参考にしてください。

図5-7-28　language translatorノードの設定値

**[3]** 最後に、デプロイボタンをクリックして完成です。

## ■動かしてみよう

本アプリでは、UIを作成していないため「Node-REDフローエディタ」上で完結します。

「inject」ノードの左側にあるボタンをクリックしてください。

フローエディタのデバッグウィンドウに「inject」ノードで流した文字列「Hello Node-RED!」が和訳され「こんにちはNode-RED!」と出力されることが確認できました。

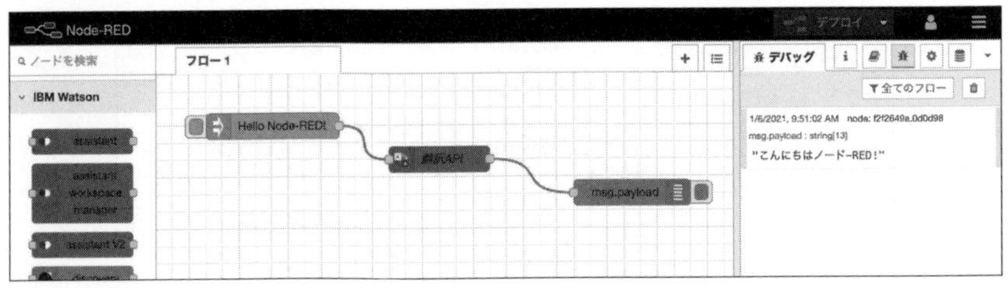


図5-7-29　フロー実行結果

いかがでしたでしょうか。

このように、「IBM Cloud」を使うと、とても簡単に「Node-RED」で「Watson」の機能を使うことができます。

5.7で学んだことは以下になります。

---

- Node-REDはIBM Cloud上のサービスとして用意されている
- IBM Cloud上のNode-REDにはWatson APIを呼び出すためのノードがデフォルトでインストールされている
- IBM Cloud上のNode-REDから同一アカウントのWatson APIを呼び出すためにはAPI認証が不要

---

「Watson」には、今回使用した「Language Translator」以外にも「NLC」(自然言語解析)や「Conversation」(自動会話)など、たくさんのAPIが用意されているので、今回の手順を参考に使ってみてはいかがでしょうか。

# 5.8 「AWS IoT」を利用する

## ■AWS系ノード

「Node-RED ライブラリ検索」から「aws」というキーワードで検索すると、「AWS」関係のノードを見つけることができます。

図 5-8-1 「AWS」関係ノード

「AWS」のさまざまなサービスのノードがありますが、ここでは「AWS IoT」を利用するノードの事例を紹介します。

## ■AWS IoT

「AWS IoT」とは、インターネットに接続された「モノ」と「AWS クラウド」とのセキュアな「双方向通信」が可能になるサービスです。本節では、「AWS IoT」を簡単に試すために、デバイスとして手持ちの PC を利用することにします。

### ●「Things」の作成

まずは、「AWS IoT」で「Things」を作る必要があります。これは、リアルなデバイスと対になる「仮想的なモノ」をクラウド側に設定する作業です。

[1]「登録」メニューからスタートする

図 5-8-2 「Things」の登録開始

[2]「AWS IoT モノを作成する」で、「単一のモノを作成する」ボタンをクリック

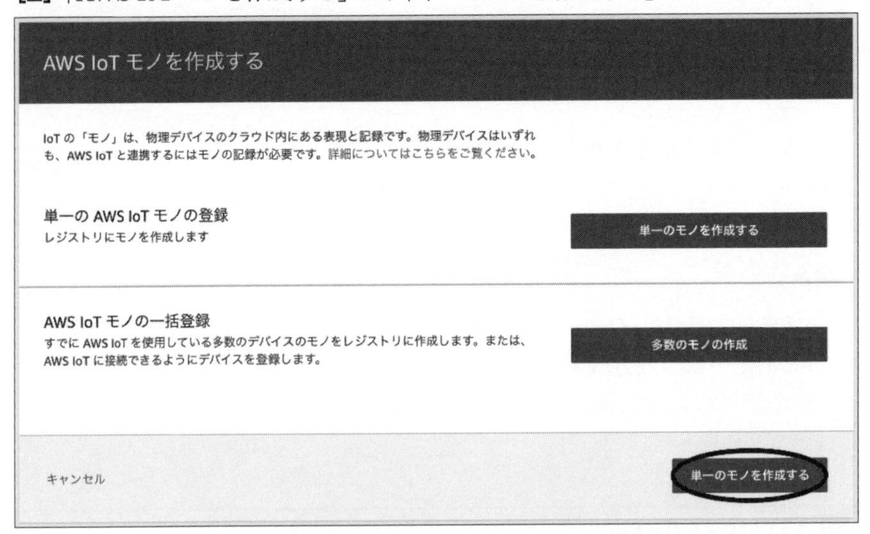


図 5-8-3 「AWS IoT モノを作成する」の設定

**[3]「名前」に「test」と入力して「次へ」ボタンをクリック**

モノの作成
Thing Registry にデバイスを追加
ステップ 1/3
このステップは、デバイスの Thing Registry と Thing Shadow にエントリーを作成します。
名前
test
このモノにタイプを適用
モノのタイプを使用すると、タイプを共有するモノに対して一貫した登録データを提供することで、デバイス管理が簡単になります。タイプは、デバイスのアイデンティティと機能を説明する共通の属性と説明を提供します。
モノのタイプ
タイプが選択されていません
タイプの作成
グループにこのモノを追加
グループにモノを追加すると、ジョブを使用してデバイスをリモートで管理できます。
モノのグループ
グループ /
グループの作成
変更

図 5-8-4 「Thing Registry にデバイスを追加」の設定

**[4] 証明書の作成**

「AWS クラウド側 Things」と「PC」が、暗号化されたデータができる「証明書」を持ち合う設定を行なうので、「証明書を作成」をクリックします。

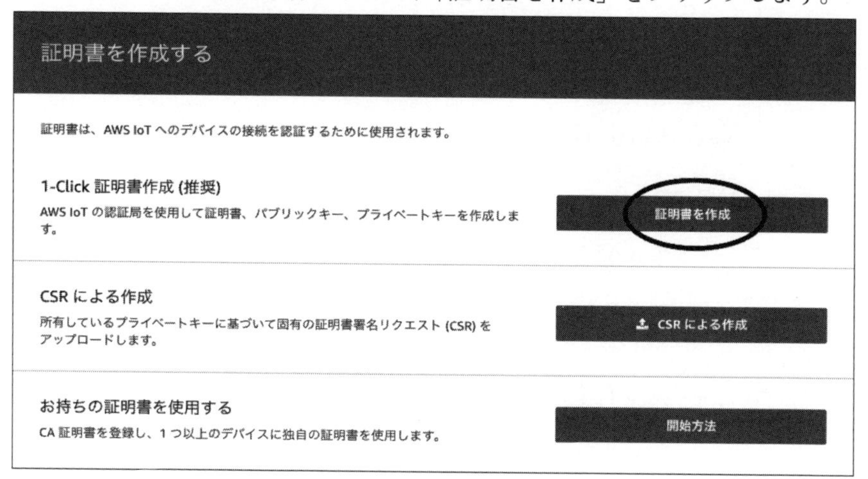
証明書を作成する
証明書は、AWS IoT へのデバイスの接続を認証するために使用されます。
1-Click 証明書作成 (推奨)
AWS IoT の認証局を使用して証明書、パブリックキー、プライベートキーを作成します。
証明書を作成
CSR による作成
所有しているプライベートキーに基づいて固有の証明書署名リクエスト (CSR) をアップロードします。
CSR による作成
お持ちの証明書を使用する
CA 証明書を登録し、1 つ以上のデバイスに独自の証明書を使用します。
開始方法

図 5-8-5 証明書の作成

**[5]** 次の画面に表示されたファイルをすべてダウンロードし、「有効化」ボタンをクリック。

「ルート CA」は、**図 5-8-7** で指定しているリンク先のテキストを「root-CA.crt」という名前のファイルとして保存してください。

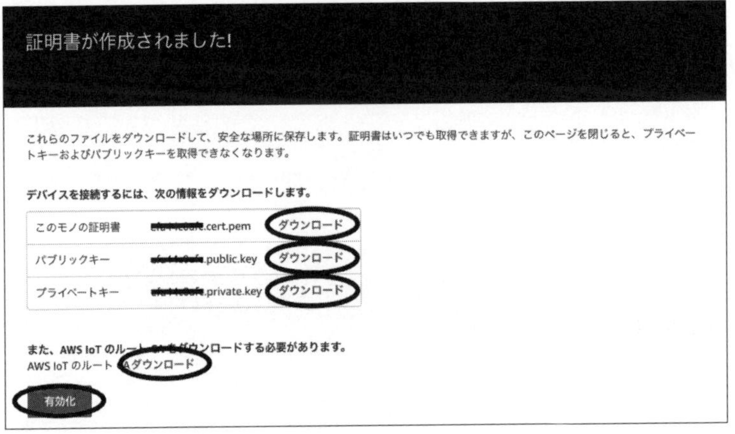


図 5-8-6　証明書のダウンロードと有効化

## サーバー認証用の CA 証明書

使用しているデータエンドポイントのタイプとネゴシエートした暗号スイートに応じて、AWS IoT Core サーバー認証証明書は次のルート CA 証明書のいずれかによって署名されます。

**VeriSign エンドポイント (レガシー)**

- RSA 2048 ビットキー: クラス 3 パブリックプライマリ G5 ルート CA 証明書 VeriSign

**Amazon Trust Services エンドポイント (推奨)**

> **注記**
> 場合によって、これらのリンクを右クリックし、**[Save link as...]** を選択して、これらの証明書をファイルとして保存する必要があります。

- RSA 2048 ビットキー: Amazon Root CA 1.
- RSA 4096 ビットキー: Amazon Root CA 2。将来の利用のために予約されています。
- ECC 256 ビットキー: Amazon Root CA 3.
- ECC 384 ビットキー: Amazon Root CA 4。将来の利用のために予約されています。

図 5-8-7　「ルート CA」ファイルの保存

**[6]** ダウンロードしたファイルは、以下のように名前を変更する。

表 5-8-1　証明書ファイル名の変更

| 変更前 | 変更後 |
|---|---|
| <Client ID>-certificate.pem.crt | <Client ID>.cert.pem |
| <Client ID>-public.pem.key | <Client ID>.public.key |
| <Client ID>-private.pem.key | <Client ID>.private.key |

**[7]** 同じ画面の下部に表示される「ポリシーのアタッチ」ボタンをクリック。
これで、作成した「Things」にアタッチされます。

証明書が作成されました!
これらのファイルをダウンロードして、安全な場所に保存します。証明書はいつでも取得できますが、このページを閉じると、プライベートキーおよびパブリックキーを取得できなくなります。
デバイスを接続するには、次の情報をダウンロードします。
このモノの証明書　cert.pem　ダウンロード
パブリックキー　public.key　ダウンロード
プライベートキー　private.key　ダウンロード
また、AWS IoT のルート CA をダウンロードする必要があります。
AWS IoT のルート CAダウンロード
有効化
キャンセル
完了
ポリシーをアタッチ

図 5-8-8　ポリシーのアタッチ

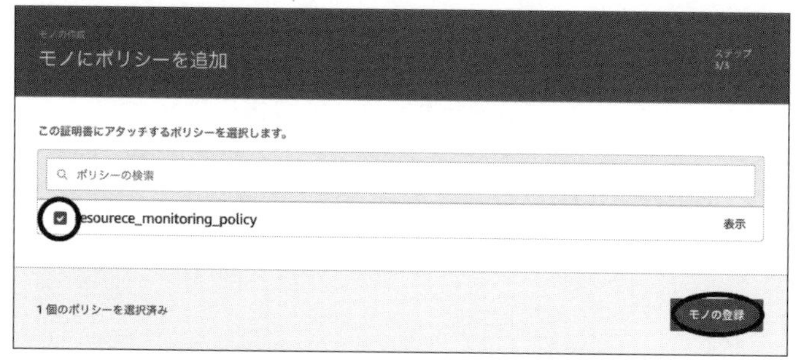


図 5-8-9　アタッチするポリシーの選択

### ● Node-REDの設定

本節では、「AWS IoT」に接続するノードとして、「node-red-contrib-aws-iot-hub」を利用してみます。

---

**[1]** まず、ノードをインストールしてください。

**[2]** インストールが完了したら、**図5-8-10**のようなフローを構築します。

上のフローで「MQTT送信」したデータが下のフローで受信して、デバッグに表示されるという動きを目指します。

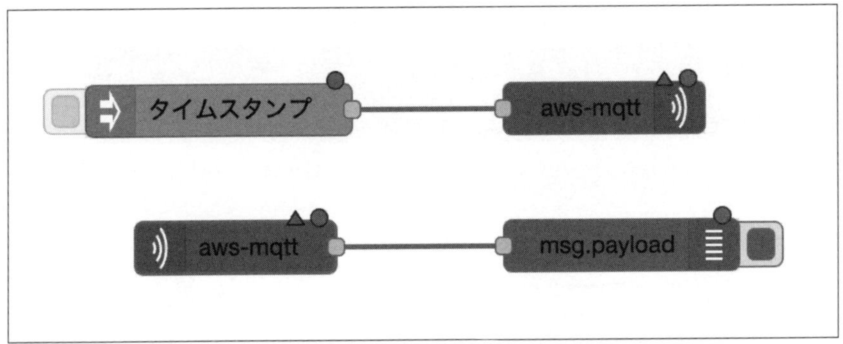


図5-8-10　「AWS IoT」で「MQTT通信」するフロー

**[3]** 最初に、上のフローの「Outputノード」の設定ダイアログを開きます。

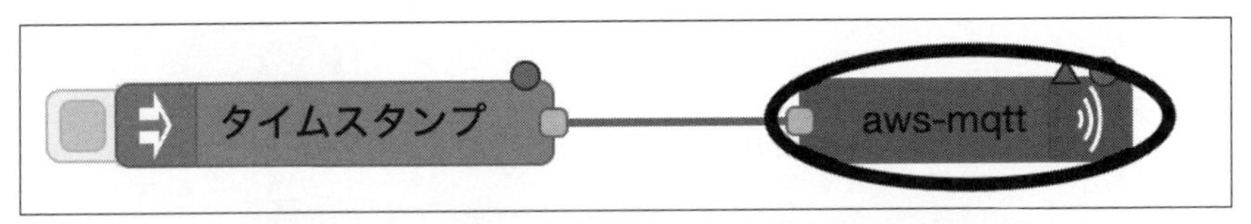


図5-8-11　「Outputノード」の設定ダイアログを開く

**[4]**「Outputノード」に「AWS IoT」の接続情報を登録。

**図5-8-12**のように「鉛筆マーク」のアイコンをクリックしてください。

なお、この設定は、下のフローにある「Inputノード」と共有されます。

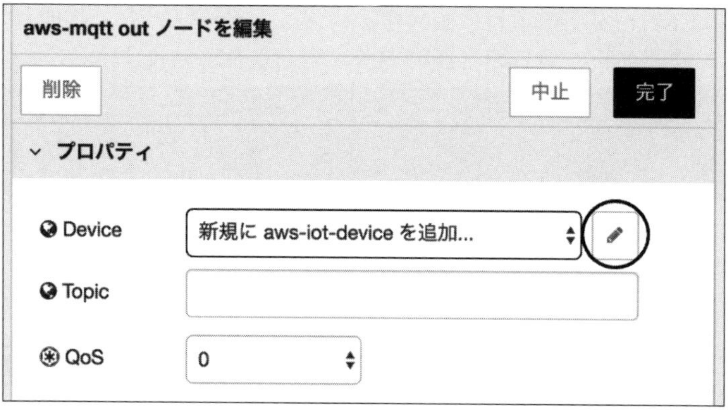

図 5-8-12 「AWS IoT」の接続設定を開始

[5] 次の画面で接続情報を入力します。
入力する情報の詳細は、次の通りです。

表 5-8-2 「AWS IoT」接続情報

| 項目 | 変更後 |
|---|---|
| Name | 任意の名前を入力 |
| Type | 「MQTT Broker」を選択 |
| Client ID | 証明書ファイル名にある ID |
| Endpoint | 下図参照 |
| AWS Certs | ダウンロードした証明書ファイルへのパス |

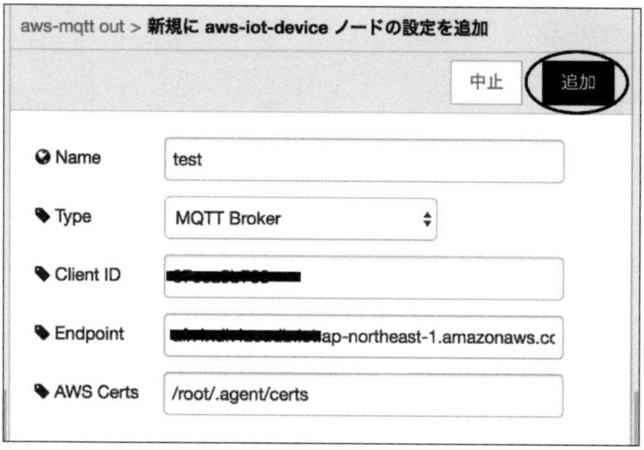

図 5-8-13 AWS IoT の接続情報を入力

なお、「Endpoint」の項目に記入する情報は、「AWS IoT」で作成したモノ、「test」の詳細画面の**図5-8-14**の場所に表示されています。

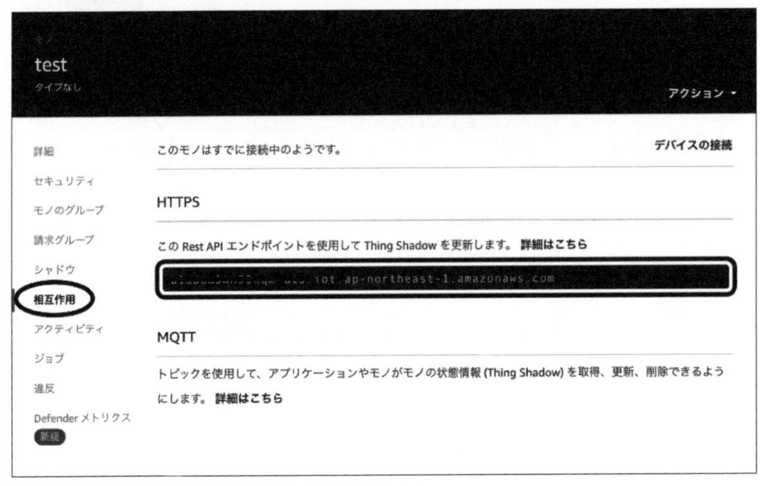


図5-8-14 「Endpoint」の表示箇所

[6] 前の画面に戻るので、「Topic」を入力。

図5-8-15 「Output ノード」の「Topic」を指定

**[7]** 次に「Input ノード」の設定ダイアログを開きます。

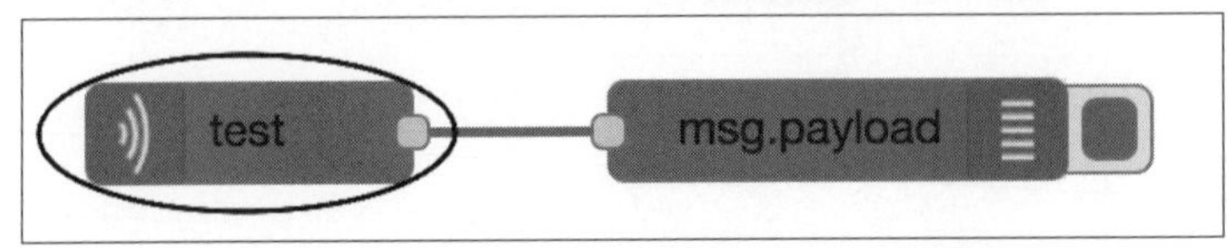


図5-8-16 Input ノードの設定ダイアログを開く

[8]「Output ノード」と同じ接続先と「Topic」を指定します。

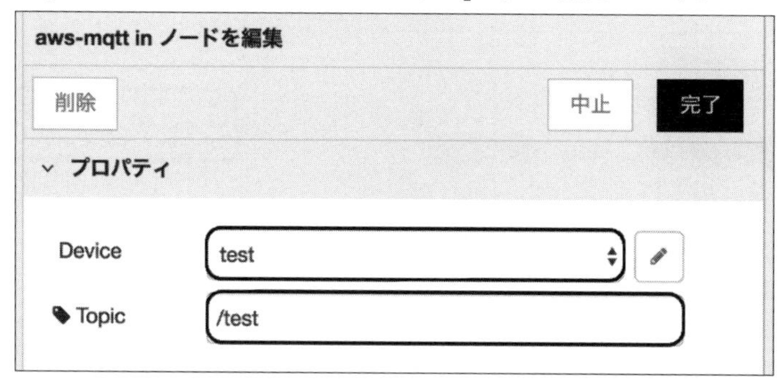


図 5-8-17 「Input ノード」の Topic を指定

[9] 最後に「Inject ノード」の設定ダイアログを開いて、「Payload」の型に「JSON」を選択し、値として「{" test" : "テスト"}」というようなテストデータを入力。

図 5-8-18 「Inject」ノードの設定

作業が終わったら、「Inject ノード」のスイッチをクリックしてみましょう。

設定したテストデータを、「AWS IoT」の MQTT ブローカーの「/test」という Topic に送信し、下のフローでデータを受信してデバッグに表示します。

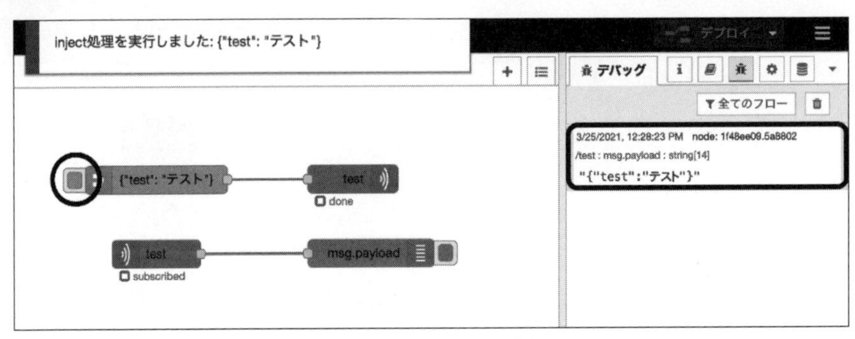


図 5-8-19　フローの実行

## ■まとめ

このように「AWS IoT」を利用すれば、IoT ゲートウェイなどが取得するセンサ・データを「AWS」に集約できます。

また、「AWS」にデータを送ってしまえば、「AWS IoT」の「Rule Engine」を利用して、「AWS」上の他のサービスと連携することも可能です。

連携できるサービスには、データ蓄積系のサービスや通知系サービスのほか、「AWS Lambda」のような「サーバレス・ファンクション・サービス」などがあり、これらを駆使して、さまざまなアーキテクチャが実現できます。

# 5.9 「Azure」にデータを溜めて活用する

## ■「Node-RED」で取得したデータを活用するため、クラウドへ

「Node-RED」は、「GPIO」などさまざまな入出力を扱えるため、身近なデータをより手軽に得られるようになるわけですが、そのデータを溜めておくには、「Node-RED」がインストールされている端末だけでは足りません。

また、データを溜めておくだけでも、活用はできません。

そこで注目したいのが、「クラウド・プラットフォーム」です。

昨今では、国内外に多くの「クラウド・プラットフォーム」があり、それぞれ特色をもっています。

## ■ Microsoft Azure

「Microsoft Azure」(以後、「Azure」)は名前の通り、マイクロソフトが提供している「クラウド・プラットフォーム」です。

「IoT」に限らず、さまざまな形態のサービスをもち、溜めたデータを活用するにはとても有用です。

「IoT」では、**図5-9-1**のように「入力」→「収集」→「蓄積」→「フィードバック」のサイクルがあります。

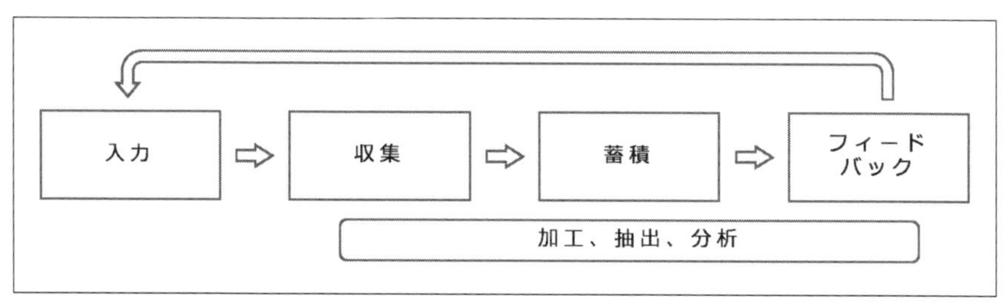


図5-9-1　一般的な「IoT」のサイクル

しかし、すべてをすぐに作る必要はありません。

まず、「入力」～「蓄積」までを実装しておけば、多くのデータを得ることができ、後から「分析」や「表示」に利用することも可能です。

＊

「Azure」は、それぞれのフェーズに対応するサービスを提供しており、用途に合わせて選択できます。

参考に、いくつかピックアップしてみます。

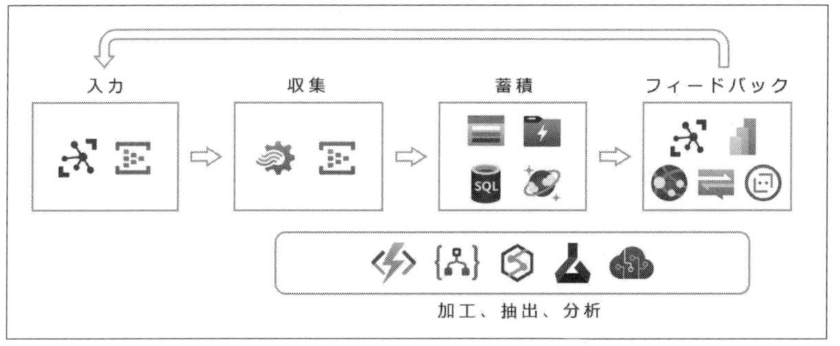


図5-9-2 「Azure」は、「IoT」で利用できる各種サービスを提供

### ● データの入力、収集

#### ・Azure IoT Hub

多くのデバイスと接続するには、「Azure IoT Hub」(以後、「IoT Hub」)を利用できます。

「IoT Hub」は、数百万もの「IoTデバイス」に対して安全な双方向通信をサポートするサービスで、多くの「IoTデバイス」からの受信に対応。

また、特定の「IoTデバイス」にメッセージを送信することもできます。

利用できるプロトコルは、「HTTP」や「MQTT」(MQ Telemetry Transport)、「AMQP」(Advanced Message Queuing Protocol)など、標準的なものをサポートしています。

#### ・Azure Event Hubs

「Azure Event Hubs」(以後、「Event Hubs」)は、デバイスとの通信に特化した「IoT Hub」とは異なり、様々な用途のデータ収集に利用できるリアルタイム データ インジェスト サービスです。

#### ・Azure Stream Analytics

「IoT Hub」や「Event Hubs」で収集したデータを、他のサービスに連携するには、「Azure Stream Analytics」を利用できます。

多くの入出力をサポートしており、また「クエリ」を活用することで、ストリームの途中でデータの仕分けや加工ができます。

### ● 蓄積

「Azure」はさまざまな用途の「ストレージ・サービス」や「フルマネージド※のデータベース」を提供しており、「Azure」のさまざまなサービスと連携することができます。

表5-9-1 「ストレージ・サービス」の例

| サービス名 | 用 途 |
|---|---|
| Azure Storage Account | Blob（オブジェクト）、ファイル、キュー、およびテーブル用の基本的なストレージ・サービスを提供 |
| Azure Data Lake Storage Gen2 | Azure Storage Account の Blob Storage をベースとしたストレージ。分析サービスへの連携に適している。 |

表5-9-2 「データベース・サービス」の例

| サービス名 | 用 途 |
|---|---|
| SQL Database | リレーショナル・データベース |
| Azure Cosmos DB | NoSQL データベース |

※ 状態監視やバージョンアップなどを、サービス元の業者が行なってくれる形態のこと。

#### ・Azure Data Lake Storage Gen2

「Azure Data Lake Storage Gen2」（以後、「Data Lake Storage」）は、「Azure Storage Account」の「Azure Blob Storage 」に基づいて構築された、ビッグデータ分析に適したストレージです。

価格は基盤である「Azure Blob Storage」と同程度でコストパフォーマンスに優れており、分析基盤の「Azure Synapse Analytics」をはじめとしたデータ分析サービスへの連携も容易です。

※なお、「Azure Data Lake Storage Gen1」という前身のサービスがあるので、混同しないよう留意してください。

### ● 分析・可視化

**・Azure Synapse Analytics**

「Azure Synapse Analytics」（以後、「Synapse Analytics」）は、高速でコストパフォーマンスの高いデータ分析基盤です。

「Data Lake Storage Gen2」をはじめ多くのデータソースと接続することができ、「Spark」や開発者に馴染みのある「SQL クエリ」（Synapse SQL）で分析することができます。

実行環境は専用リソースのほか、「Synapse SQL」ではサーバレス（従量課金）を選択することができ、ライトユースから高度な分析まで対応できるサービスです。

**・Microsoft Power BI**

「Microsoft Power BI」は、「Azure」のサービスではありませんが、マイクロソフトが提供する可視化のための「BI」(Business Intelligence) ツールです。

「Microsoft Excel」に代表されるように、グラフ化や可視化のノウハウが詰め込まれたサービスで、データの扱いに慣れていない人でもきれいに可視化することができます。

また、リアルタイムなグラフ生成や、作ったグラフを Web サイトに埋め込むこともできるなど、可視化を強力にサポートしてくれます。

### ● 連携、応用

「Azure」には、上記に挙げたもの以外にも次のように多数のサービスがあり、それぞれで連携が可能です。

表 5-9-3　その他の Azure サービスの例

| サービス名 | 説　明 |
|---|---|
| Azure Web Apps | PaaS |
| Azure Functions | FaaS |
| Azure Logic Apps | 多様なコネクタを組み合わせてワークフローを構築できるサービス |

| サービス名 | 説　明 |
|---|---|
| Azure Bot Service | ボット開発向けに特化したマネージド サービス |
| Azure Cognitive Services | 「言語」「音声」「視覚」など多様な AI 機能を API で提供 |
| Azure Machine Learning | 機械学習のための統合プラットフォーム |

## ■「Node-RED」と「Azure」を組み合わせる

では、ここに「Node-RED」を組み合わせて、「Azure」にデータを蓄積してみましょう。

「IoT Hub」を利用するノードはいくつか公開されており、それを利用して「IoT Hub」へ簡単にデータを送ることができます。

また、「IoT Hub」には、「メッセージ ルーティング」という仕組みがあり、さまざまなエンドポイントに対してメッセージを引き渡すことができます。

本章では、「Node-RED」から「IoT Hub」に対して送信されたデータを、メッセージ エンドポイントに設定した「Data Lake Storage Gen2」に保存する構成を作ります。

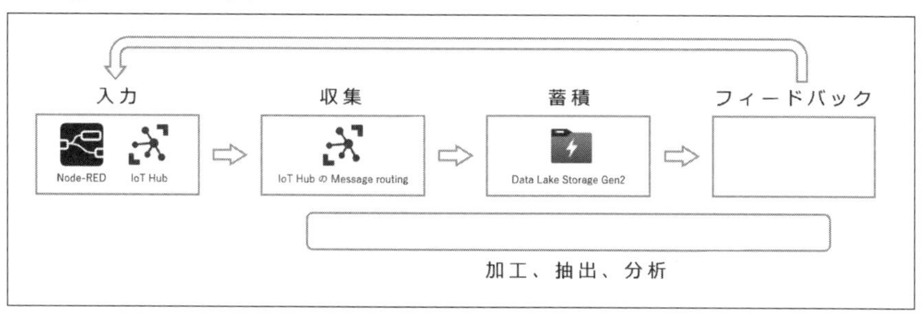


図 5-9-3 「Node-RED」から入力して、データを蓄積するまでの構成

※なお、IoT Hub メッセージ ルーティングの詳細については、ドキュメント「Azure IoT Hub メッセージ ルーティングについて ¦ Microsoft Docs」(https://docs.microsoft.com/ja-jp/azure/iot-hub/iot-hub-devguide-messages-d2c#azure-storage-as-a-routing-endpoint)の「ルーティング エンドポイントとしての Azure Storage」の項目をご参照ください。

## ■「Azure」の準備

### ●「Azure」のアカウントを作る

まず、次のURLから、「Azure」のアカウントを作っておきましょう。
すでにもっている人は、次の項に進んでください。

```
https://azure.microsoft.com/ja-jp/free/
```

*

「Azure」は、無料でアカウントを作ることができ、作成直後には「22,500円」までの無料クレジットが付与されます（特典の内容は、2021年3月のものです。変更される可能性もあるので、確認の上ご利用ください。）。
また、無料期間を過ぎた後でも、無料のまま続けて使えるサービスもあり、ここで利用する「IoT Hub」もそのひとつです（1リソースのみ）。

### ●「Azure」のポータルにログイン

アカウントを作ったら、「Azure」のポータルにログインします。

初期状態では、利用に関する案内やショートカットリンクが表示されています。
また、表示言語やテーマなど、左上の歯車のアイコンから「ポータルの設定」でカスタマイズすることができます。

ここでは、メニューの表示モードを「ドッキング」に設定した状態で進めます。

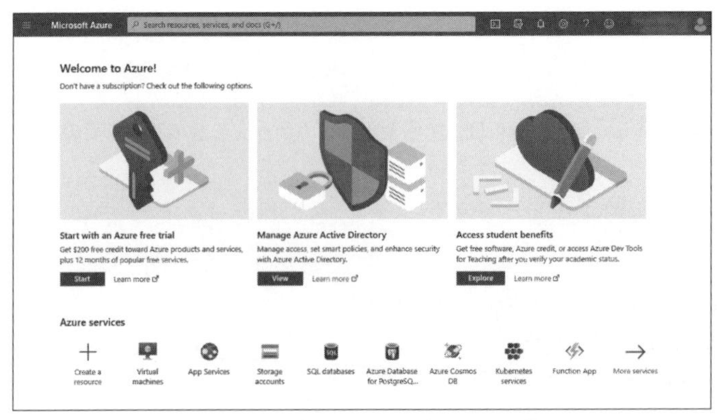


図5-9-4 「Azure」のポータル画面

## ●「リソース グループ」を作る

「Azure」では、プロジェクトに関するリソースをまとめるために「リソース グループ」を用います。

ここでの作業用に、「リソース グループ」を作っておきましょう。

*

左のメニューから「リソース グループ」を開き、リソース グループ一覧を表示します。

画面上部の「+ 追加」から新規作成画面を開き、設定項目を入力し、「リソース グループ」を新規作成します。

図 5-9-5 「リソース グループ」を作る

表 5-9-4 「リソース グループ」の設定項目

| 項　目 | 設定内容 |
|---|---|
| リソース グループ名 | 任意の「リソース グループ名」 |
| サブスクリプション | 利用するサブスクリプションを選択 |
| リソース グループの場所 | 特に理由がなければ、「東日本」や「西日本」などを指定 |

作成完了のポップアップの「リソース グループに移動」ボタン、または一覧から選択し、作ったリソース グループを表示します。

「概要」画面に表示されるリソース一覧では、まだ何もリソースがないことが確認できます。

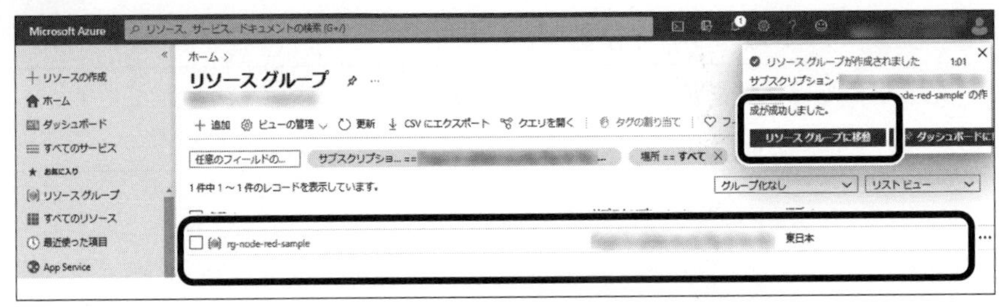


図 5-9-6 「リソース グループ」追加後の一覧の様子

図 5-9-7　作った「リソース グループ」の概要

＊

以降、この「リソース グループ」にリソースを作っていきます。

その際の「リソース グループ」「サブスクリプション」「場所」は、ここで作った「リソース グループ」と同じものを使うことを前提に進めます。

※なお、ここでは Node-RED の利用に焦点を絞り、リソースの設定は可能な限りコストを抑えた構成でご紹介します。
実際の開発では要件と照らし合わせよくご検討のうえご利用ください。

## ■「IoT Hub」の準備

### ●「IoT Hub」の新規作成

それでは、まずデータを受け取るための「IoT Hub」を作ります。

左のメニューから「＋リソースの作成」→「モノのインターネット (IoT)」→「IoT Hub」を選択します。

「基本」タブおよび「管理」タブで、下表のように設定し、「確認および作成」ボタンから新規作成します。

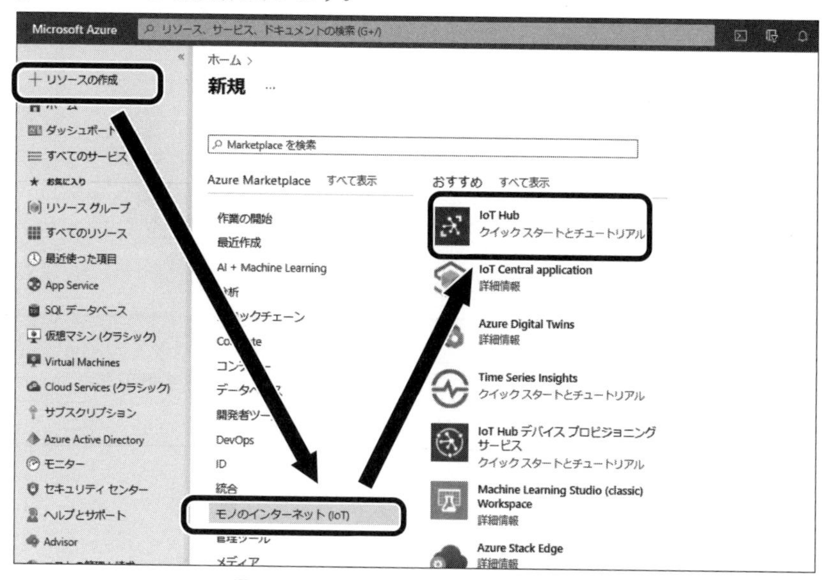


図 5-9-8 「IoT Hub」の新規作成画面

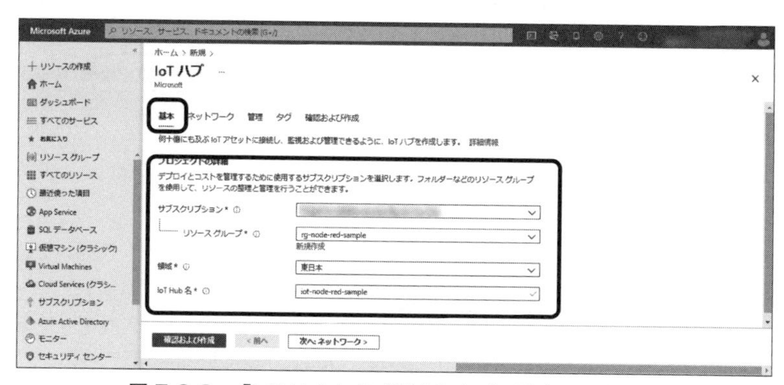


図 5-9-9 「IoT Hub」の「基本」タブで設定を入力する

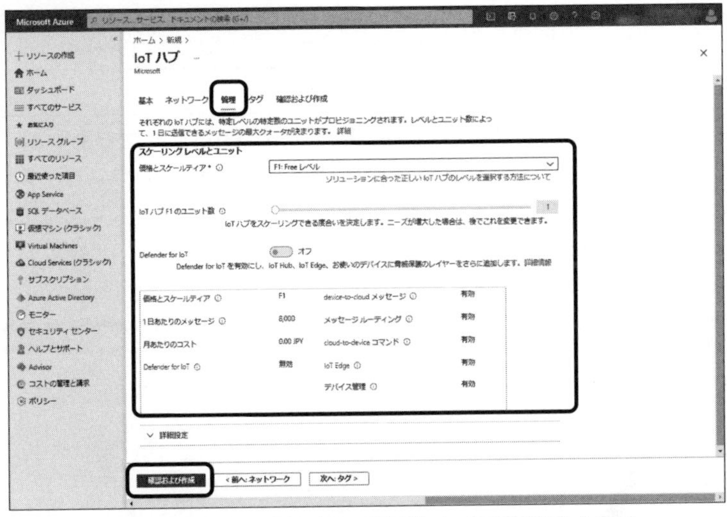

図5-9-10　「IoT Hub」の「管理」タブで設定を入力する

表5-9-5 「IoT Hub」の設定項目

| タ　ブ | 項　目 | 設定内容 |
|---|---|---|
| 基本 | IoT Hub名 | 任意の「IoT Hub」の名前を入力 |
| 管理 | 価格とスケールティア | F1: Free レベル |

「IoT Hub」の作成が完了したら、「リソースに移動」ボタンから「IoT Hub」に移動します。

移動すると、「概要」画面が表示されます。

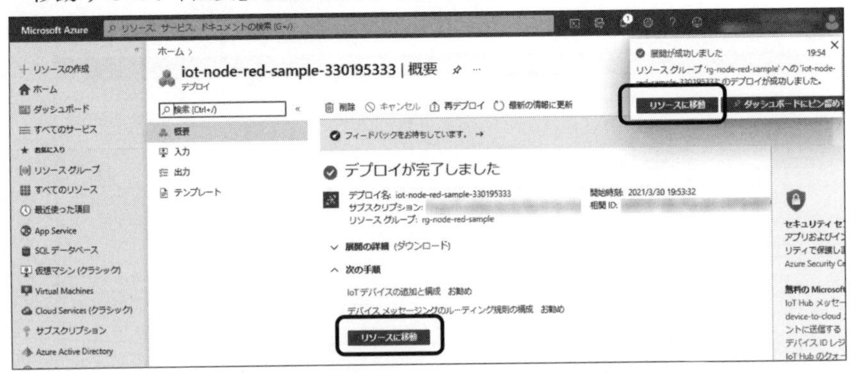

図5-9-11　作成した「IoT Hub」へ移動する

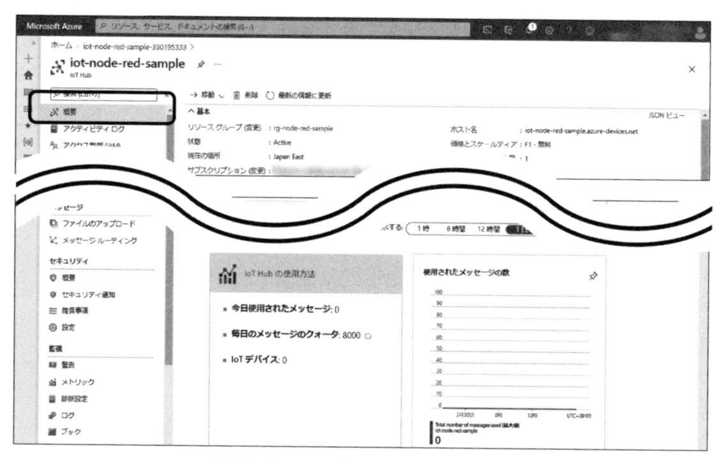

図 5-9-12 「IoT Hub」の概要

## ●「IoT Hub」にデバイスを登録

次に、「IoT Hub」にデバイスを登録します。

方法がいくつかありますが、ここでは「Azure ポータル」から行なってみましょう。

「IoT Hub」のメニューから、「IoT デバイス」を開き、画面上部の「+ 新規」を選択してデバイスを追加します。

次ページ**図 5-9-14** を参考に入力し、保存します。

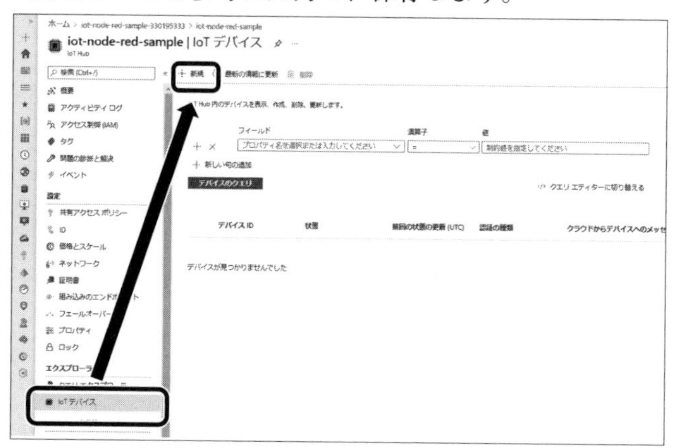

図 5-9-13 「IoT Hub」の「Device Explorer」の画面

※認証の種類は、「対称キー」(接続文字列)か「X 509」(自己署名または CA 署名)のいずれかを選べますが、今回は簡単な「対称キー」を選択します。

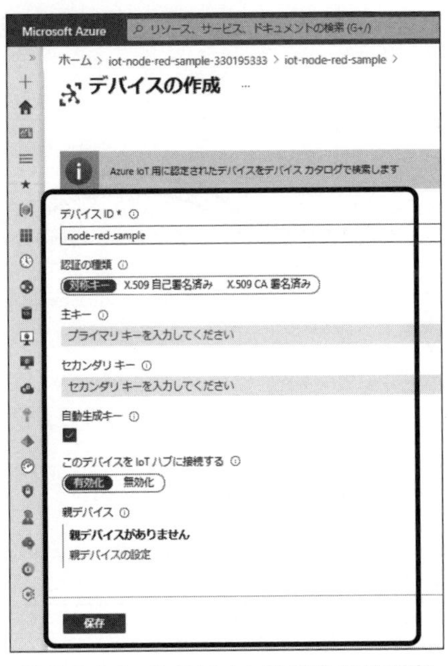


図 5-9-14 「IoT Hub」にデバイスを追加

表 5-9-6 「IoT Hub デバイス」追加時の設定項目

| 項　目 | 設定内容 |
|---|---|
| デバイス ID | 任意の「デバイス ID」を入力 |
| 認証の種類 | 対称キー |
| 主キー<br>セカンダリ キー | 任意のキーを入力、または「自動生成キー」を有効にして自動生成 |
| 自動生成キー | 「主キー」と「セカンダリ キー」を自動生成する場合は、チェックを有効にする |
| このデバイスを IoT ハブに接続する | 有効化 |

「IoT デバイス」の画面で「最新の情報に更新」をクリックすると、追加したデバイスが表示されます。

このデバイスをクリックすると、詳細を見ることができます。

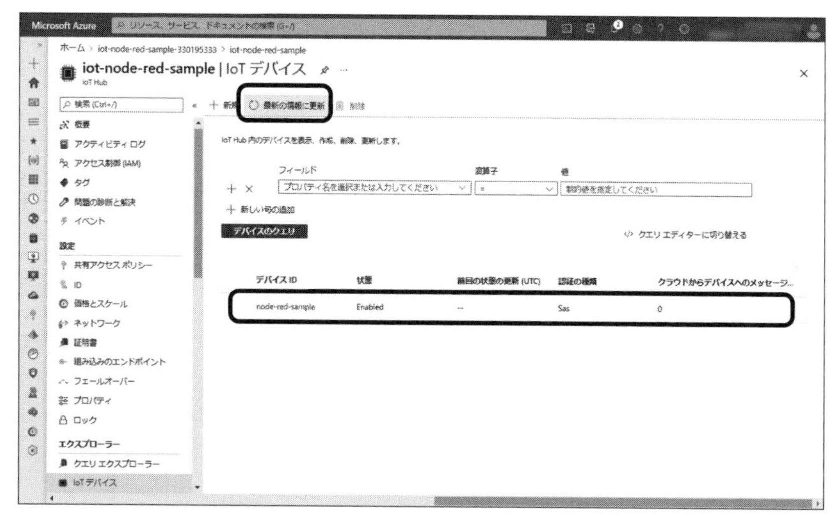


図 5-9-15　追加したデバイスが表示される

なお、この詳細画面には、デバイスを接続するための「接続文字列」が表示されます。

これは、ノードを「IoT Hub」に接続する際に使用するので、「プライマリ接続文字列」をコピーして、控えておきましょう。

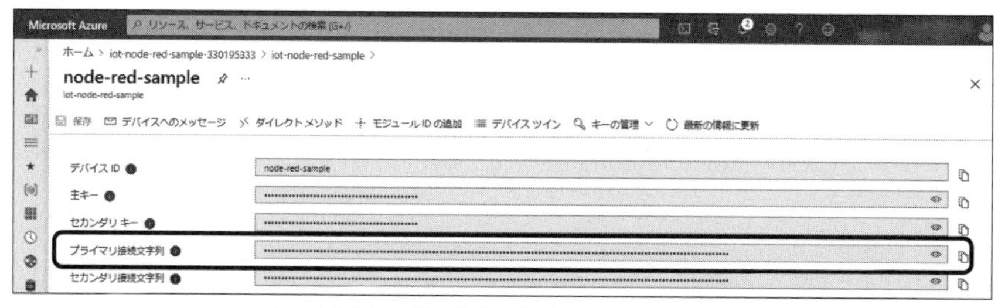


図 5-9-16 「接続文字列」をメモしておく

## ■「Node-RED」から「IoT Hub」にデータを送信する

続いて、「Node-RED」から「IoT Hub」にデータを送信するフローを作成します。

ここでは「Azure IoT Node.js SDK」とともに管理されている「node-red-contrib-azureiothubnode」と、有志による「node-red-contrib-azure-iot-device」を紹介します。

「IoT Hub」へデータを送信する目的では、前者の方がシンプルで扱いやすいのですが、現状（0.5.3）はエンコードの指定ができず不便なため、後者も併せて掲載します。

※なお、「node-red-contrib-azureiothubnode」は、修正を提供しそのリリースを待っている状態です。
本章ではそのリリース予定の更新版で説明します。
「node-red-contrib-azureiothubnode」がまだリリースされていない間は、utf8 のエンコードおよび application/json の形式でデータを送信できる「node-red-contrib-azure-iot-device」で代用してください。
それぞれの詳細については下記をご参照ください。

● node-red-contrib-azureiothubnode
https://flows.nodered.org/node/node-red-contrib-azureiothubnode
● node-red-contrib-azure-iot-device
https://flows.nodered.org/node/node-red-contrib-azure-iot-device

**[1] ノードのインストール**
「Node-RED」で「パレットの管理」を開き、「パレット」の「ノードを追加」タブで「node-red-contrib-azureiothubnode」（または「node-red-contrib-azure-iot-device」）を検索し、これを追加します。

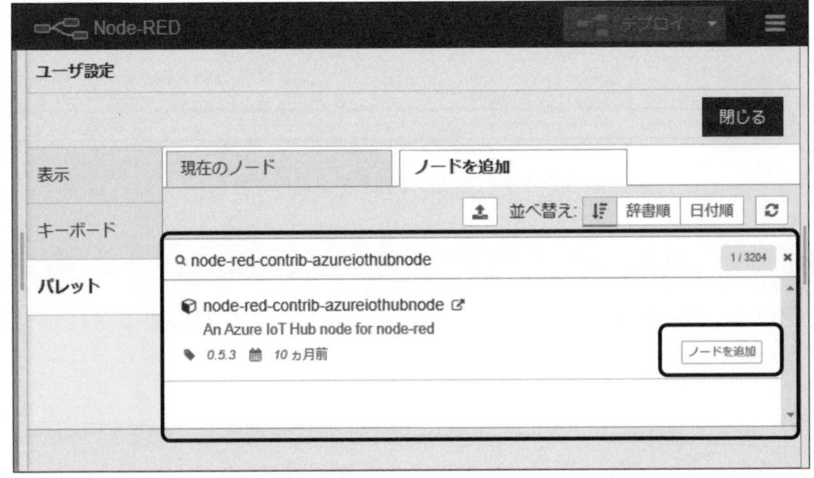


図 5-9-17 「node-red-contrib-azureiothubnode」を検索し、追加する

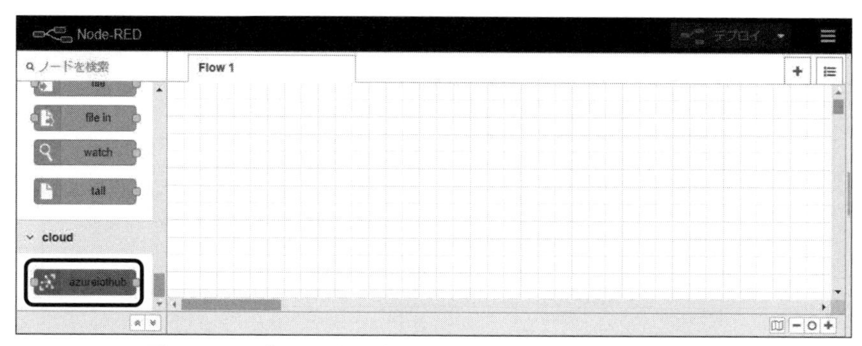


図 5-9-18 「cloud」に「azureiothub ノード」が追加された

以降、特筆しない限り、「node-red-contrib-azureiothubnode」の「azureiothub ノード」を利用する前提で作業します。

**[2]**「IoT Hub」に簡単なデータを送るフローを作る。

ここでは、「タイムスタンプの情報」を送信してみます。

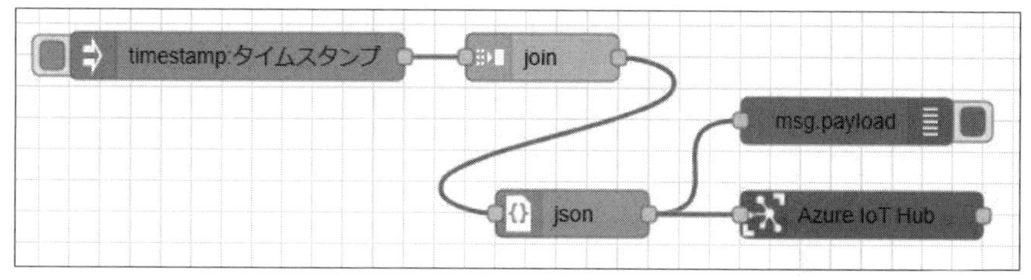


図 5-9-19 タイムスタンプを含むデータを「IoT Hub」に送信するフロー

まず、送信するデータを作成します。

ここでは、「inject ノード」「join ノード」で、**リスト 5-9-1** のような JSON オブジェクトを作り、それをデータとして「IoT Hub」に送信します。

リスト 5-9-1 送信したいデータの JSON オブジェクト

```
{ "timestamp" : "<値>" }
```

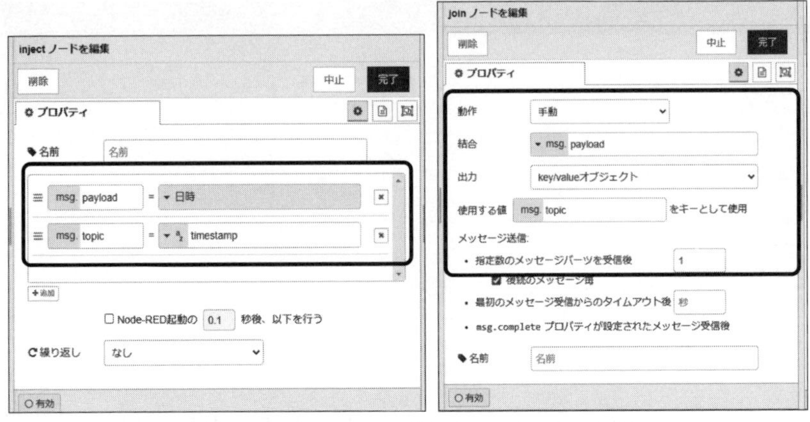


図5-9-20 「inject ノード」「join ノード」の設定

**[3]** データの準備ができたら、「azureiothub ノード」をワークスペースに配置し、プロパティを開く。

「Connection String」は、「IoT Hub」に接続するための情報を含んだ文字列（接続文字列）を指定する項目で、前述で控えた「IoT Hub」のデバイスの「プライマリ接続文字列」を入力します。

そして、データをJSON形式で送信できるように、「Content Encoding」を「utf-8」を指定し、「Content Type」の「application/json」にチェックを付けます。

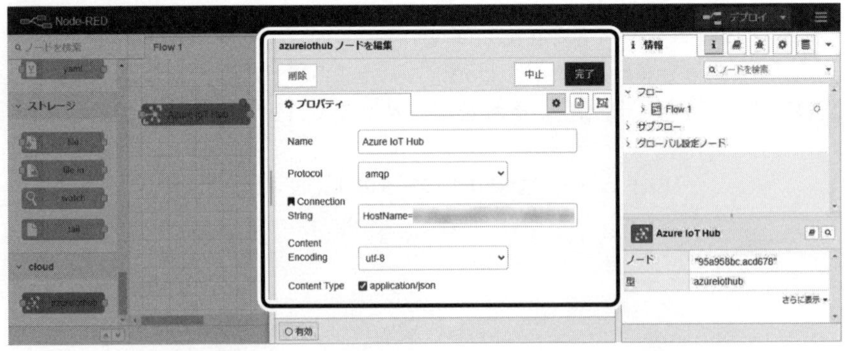


図5-9-21 「azureiothub ノード」のプロパティ設定

表 5-9-7 「azureiothub ノード」のプロパティ設定の詳細

| 項　目 | 設定内容 |
|---|---|
| Name | 「ノードの表示名」を入力 |
| Protocol | 任意のプロトコルを指定（「http」「amqp」「mqtt」「amqpWs」を選択可能） |
| Connection String | 「IoT Hub」で登録したデバイスごとに発行される「接続文字列」を指定 |
| Content Encoding | 「utf-8」を指定 |
| Content Type | 「application/json」にチェックを付ける |

**[4]**「JSON オブジェクト」を「JSON 文字列」に変換

「azureiothub ノード」からデータを送信するには、渡す「payload」にJSON オブジェクトではなく「文字列」を設定する必要があります。

そこで、前述で作成したデータの JSON オブジェクトを「JSON ノード」で JSON 文字列に変換してから、「azureiothub ノード」に渡します。

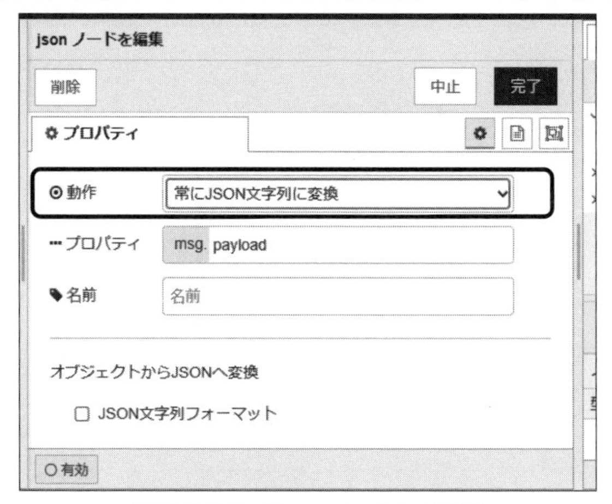


図 5-9-22 「json ノード」の設定

**[5] データの送信**

フローができたらデプロイし、「inject ノード」のボタンをクリックして「IoT Hub」にデータを送信してみましょう。

正常に送信されると、「azureiothub ノード」の下部に「Sent message」と表示され、正常に接続されデータが送信できたことを確認できます。

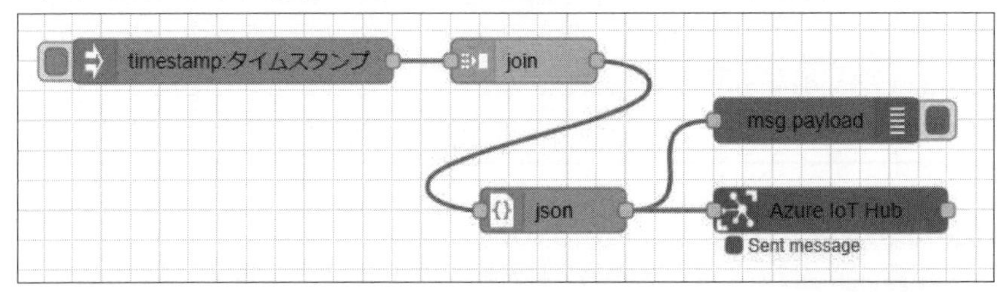


図 5-9-23 「azureiothub ノード」から「IoT Hub」にデータを送信した様子

また、「Azure ポータル」の「IoT Hub」の概要画面を確認すると、メッセージを受け取ったことが分かります。

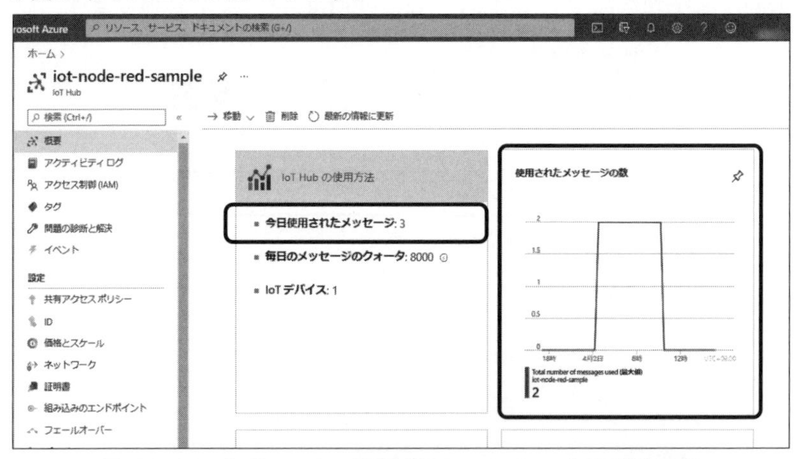


図 5-9-24 「IoT Hub」の概要画面で、メッセージの受信を確認

## ■「node-red-contrib-azure-iot-device」を利用する場合

「node-red-contrib-azureiothubnode」の代わりに「node-red-contrib-azure-iot-device」を利用する場合は、「Device ノード」を配置し、プロパティの「Device Identity」タブで各項目を設定します。

図 5-9-25 「Device ノード」の設定

表 5-9-8 「Device ノード」のプロパティ設定の詳細

| 項 目 | 設定内容 |
|---|---|
| Registration / Device ID | 「IoT Hub」で登録した「デバイス ID」を入力 |
| Connection Type | Connection string |
| IoT Hub Hostname | 「IoT Hub」の「概要」画面の「ホスト名」を入力<br>例 : <IoT Hub 名 >.azure-devices.net |
| Authentication Method | Shared access signature (SAS) |
| SAS Key | 「IoT Hub」で登録したデバイスごとに発行される「接続文字列」を指定 |
| Protocol | 任意のプロトコルを指定（「AMQP」「AMQP_WS」「MQTT」「MQTT_WS」を選択可能） |

送信するデータであるJSONオブジェクトを「payload」に指定し、さらに「changeノード」を利用して「topic」に「telemetry」を指定してから「Deviceノード」に入力します。(JSON文字列への変換は不要です)

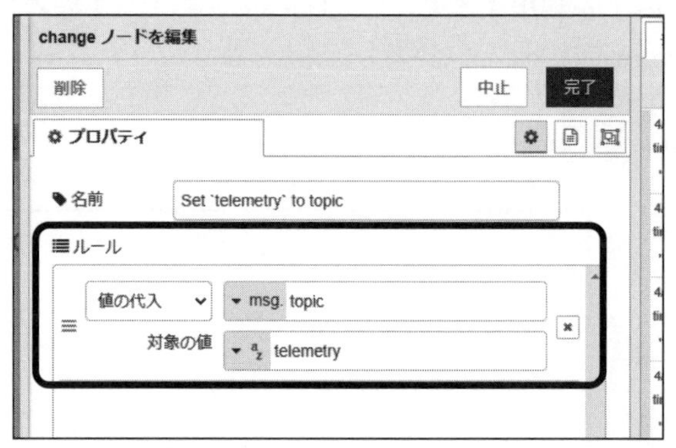


図5-9-26 「changeノード」の設定

表5-9-9 「changeノード」のプロパティのルール設定の詳細

| 項　目 | 設定内容 |
|---|---|
| ルール | 値の代入 |
| msg. | topic |
| 対象の値 | telemetry |

設定後デプロイできたら、「injectノード」のボタンをクリックして「IoT Hub」にデータを送信してみましょう。

「IoT Hub」でのデータ受信の確認については本文をご参照ください。

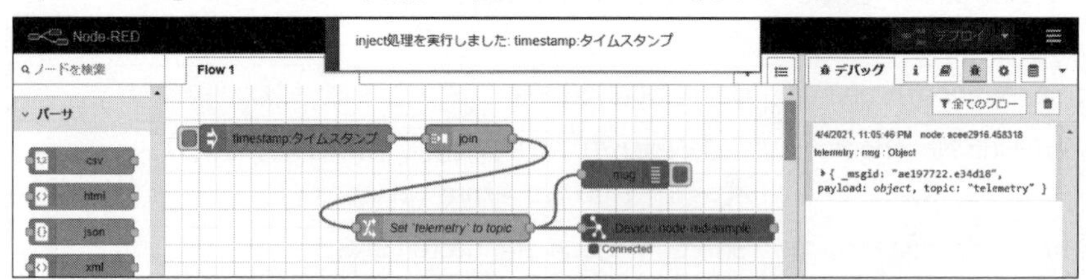


図5-9-27 「Deviceノード」を配置し、データを送信した様子

## ■データを保存するための仕組みをつくる

「IoT Hub」にデータを送信する仕組みができたので、次に「データを蓄積する仕組みを作ります。

### ●「Data Lake Storage Gen2」の準備

「Azure」には、いくつものストレージやデータベースがありますが、その中でも蓄積と分析に適した「Data Lake Storage Gen2」を利用します。

「Data Lake Storage Gen2」は「ストレージ アカウント」の一つのオプションなので、「ストレージ アカウント」のリソースを作ります。

**[1]**「Azure ポータル」の「すべてのサービス」から、「ストレージ」→「ストレージ アカウント」を選択し、「ストレージ アカウント」の一覧を表示します。

画面上部の「+追加」を選択し、新規作成画面を開きます。

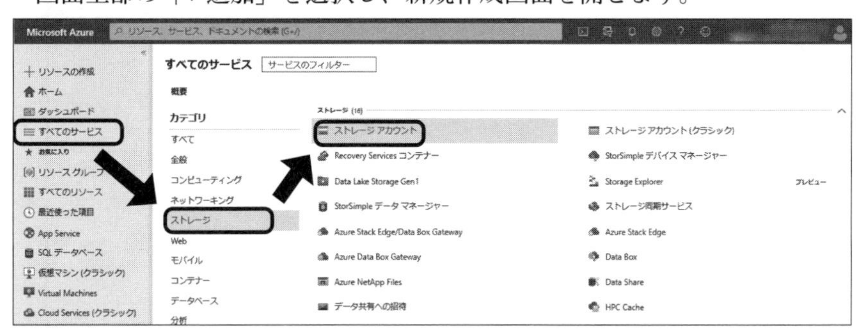


図 5-9-28 「ストレージ アカウント」の一覧を開く

図 5-9-29 「ストレージ アカウント」一覧の「+ 追加」から新規作成画面を開く

[2]「基本」タブで基本設定を入力し、「詳細」タブで「Data Lake Storage Gen2」の「階層構造の名前空間」を「有効」に変更してから、「確認および作成」ボタンから「ストレージ アカウント」を作成します。

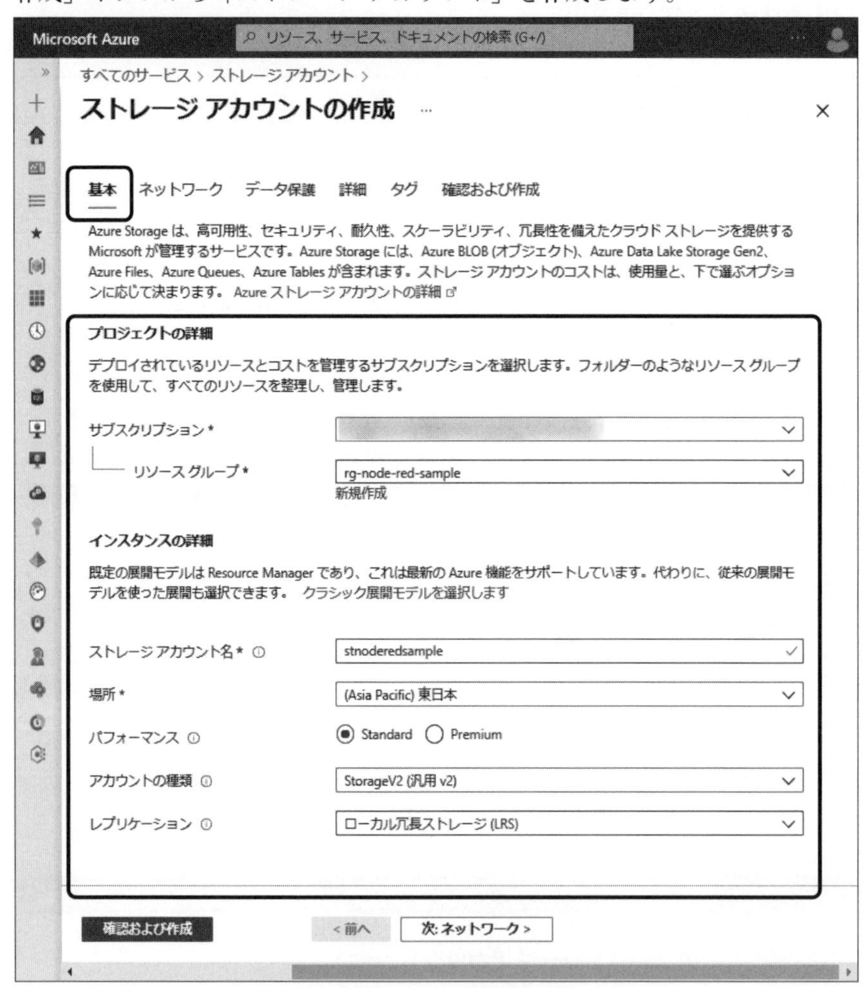


図 5-9-30 「基本」タブで設定項目を入力する

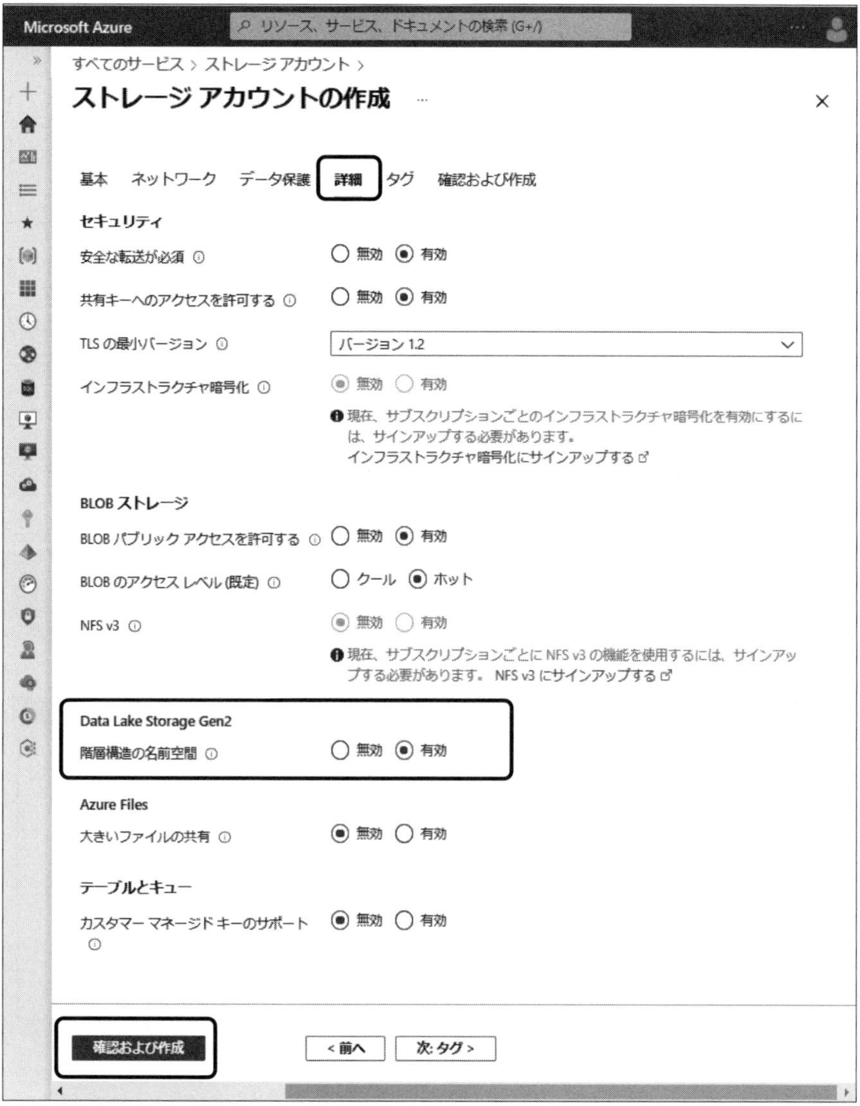

Microsoft Azure　リソース、サービス、ドキュメントの検索 (G+/)

すべてのサービス > ストレージ アカウント >

ストレージ アカウントの作成

基本　ネットワーク　データ保護　詳細　タグ　確認および作成

セキュリティ

安全な転送が必須　○ 無効　◉ 有効

共有キーへのアクセスを許可する　○ 無効　◉ 有効

TLS の最小バージョン　バージョン 1.2

インフラストラクチャ暗号化　◉ 無効　○ 有効

現在、サブスクリプションごとのインフラストラクチャ暗号化を有効にするには、サインアップする必要があります。
インフラストラクチャ暗号化にサインアップする

BLOB ストレージ

BLOB パブリック アクセスを許可する　○ 無効　◉ 有効

BLOB のアクセス レベル (既定)　○ クール　◉ ホット

NFS v3　◉ 無効　○ 有効

現在、サブスクリプションごとに NFS v3 の機能を使用するには、サインアップする必要があります。 NFS v3 にサインアップする

Data Lake Storage Gen2

階層構造の名前空間　○ 無効　◉ 有効

Azure Files

大きいファイルの共有　◉ 無効　○ 有効

テーブルとキュー

カスタマー マネージド キーのサポート　◉ 無効　○ 有効

確認および作成　< 前へ　次: タグ >

図 5-9-31 「詳細」タブで「Data Lake Storage Gen2」の名前空間を有効に

表 5-9-10 「ストレージ アカウント」の設定項目

| タ ブ | 項 目 | 設定内容 |
|---|---|---|
| 基本 | ストレージ アカウント名 | 任意の「ストレージ アカウント名」を入力 |
| | パフォーマンス | Standard |
| | アカウントの種類 | StorageV2 ( 汎用 v2) |
| | レプリケーション | 特に理由がなければ、「ローカル冗長ストレージ (LRS)」を選択<br>(LRS は、冗長構成が最小で 1 つのリージョンに保管しますが、リージョン内に 3 つの複製をもって管理されるため、個人の利用の範疇であればこれで十分です) |
| 詳細 | Data Lake Storage Gen2 > 階層構造の名前空間 | 有効 |

**[3]**「ストレージ アカウント」が出来たら、データを格納する「コンテナー」を作ります。

左のメニューの「Data Lake Storage」の「コンテナー」から一覧を開き、「+ コンテナー」を選択して「新しいコンテナー」を作成します。

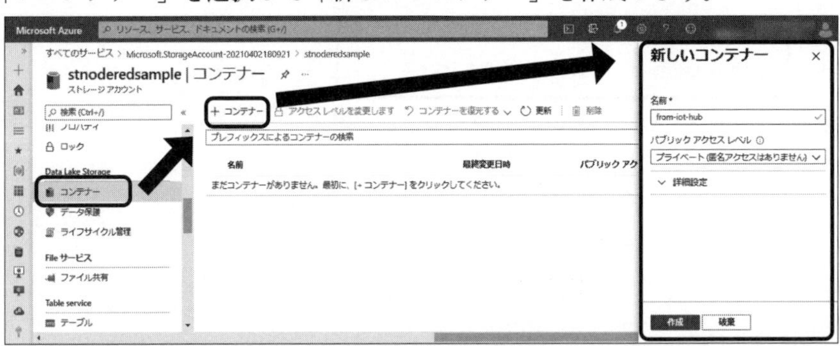


図 5-9-32 「Data Lake Storage」の「コンテナー」を作成する

表 5-9-11 「Data Lake Storage」「コンテナー」の設定項目

| 項目 | 設定内容 |
|---|---|
| 名前 | 任意の「コンテナー名」を入力 |

## ●「IoT Hub」のメッセージルーティングの設定

次に、「IoT Hub」と「Data Lake Storage」を接続するために、メッセージ ルーティングを設定します。

[1]「Azure ポータル」で、前項で作成した「IoT Hub」を開き、「メッセージ ルーティング」を開きます。

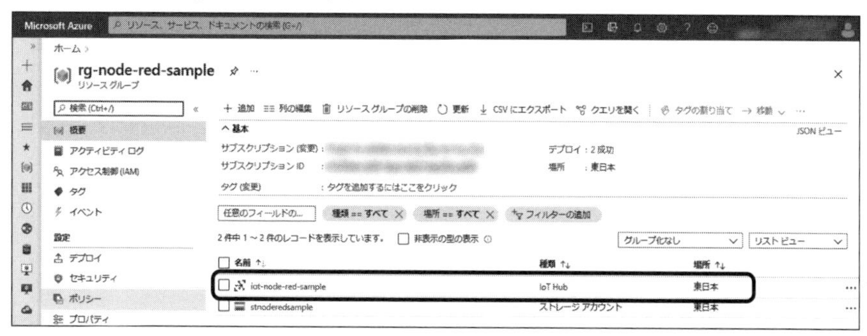

図 5-9-33 「リソース グループ」の一覧から「IoT Hub」を開く

[2]「メッセージ ルーティング」の「ルート」タブで「+ 追加」を選択し、「ルートの追加」画面を開きます。

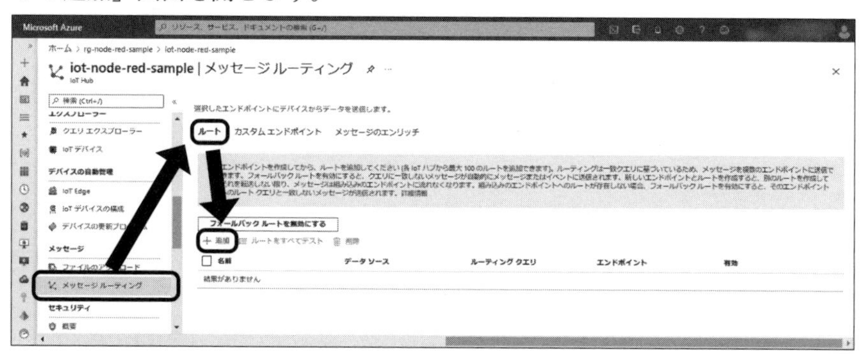

図 5-9-34 「IoT Hub」の「メッセージ ルーティング」のルートを作成する

[3]「ルートの追加」画面で、「名前」「データ ソース」を設定し、「エンドポイント」の設定をします。

図 5-9-35 「ルート」を追加する

表 5-9-12 「ルート」の設定項目

| 項　目 | 設定内容 |
|---|---|
| 名前 | 任意の「ルート名」を入力 |
| エンドポイント | 後述をもとに作成し選択 |
| データ ソース | デバイス テレメトリのメッセージ |
| ルートの有効化 | 有効化（初期値） |
| ルーティング クエリ | true（初期値）もしくは、任意のクエリ（「テスト」欄でクエリのテストが可能） |

「エンドポイント」は「+ エンドポイントの追加」から、「ストレージ」を選択します。

「ストレージ エンドポイントの追加」画面で、「エンドポイント名」を入力し、「コンテナーを選択します」ボタンから、前項で作成した「ストレージ アカウント」と「コンテナー」を選択します。

「エンコード」を「JSON」に変更して、「作成」ボタンよりエンドポイントを作成します。

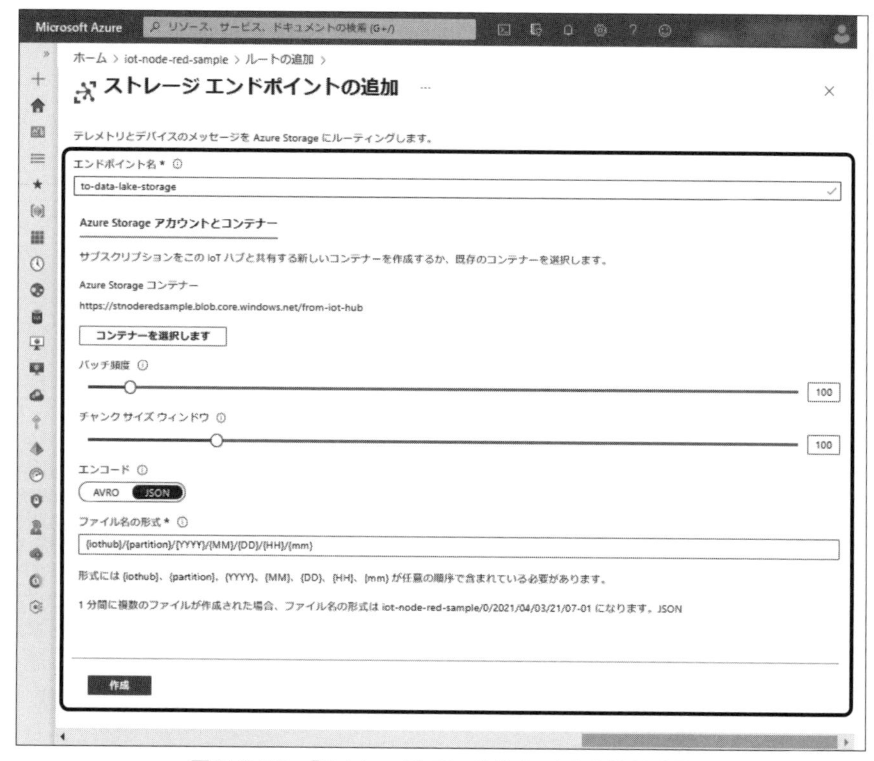


図 5-9-36 「ストレージ エンドポイント」を追加する

表 5-9-13 「ストレージ エンドポイント」の設定項目

| 項　目 | 設定内容 |
|---|---|
| エンドポイント名 | 任意の「エンドポイント名」を入力 |
| Azure Storage アカウントとコンテナー | 前項で作成した「ストレージ アカウント」および「コンテナー」を選択 |
| エンコード | JSON |
| ファイル名の形式 | 初期設定のまま、もしくは任意に変更 |

「ルート」画面で設定を入力し終えたら、「保存」ボタンよりルートを保存します。

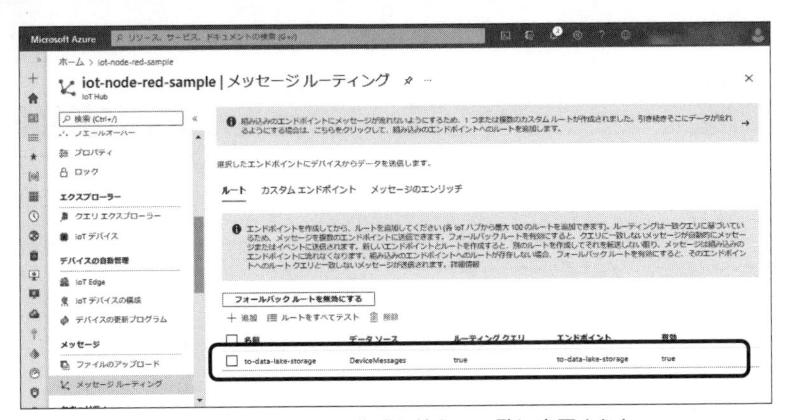
図 5-9-37　ルートを作成し終え、一覧に表示された

### ●送信したデータが「Data Lake Storage」に格納されることを確認

ここまで準備ができたら、「IoT Hub」で受信したデータを「Data Lake Storage」に保存できるようになっています。

さっそく確認してみましょう。

**[1]**「Node-RED」からデータを送信してから、「Azure ポータル」で「ストレージ アカウント」を開きます。

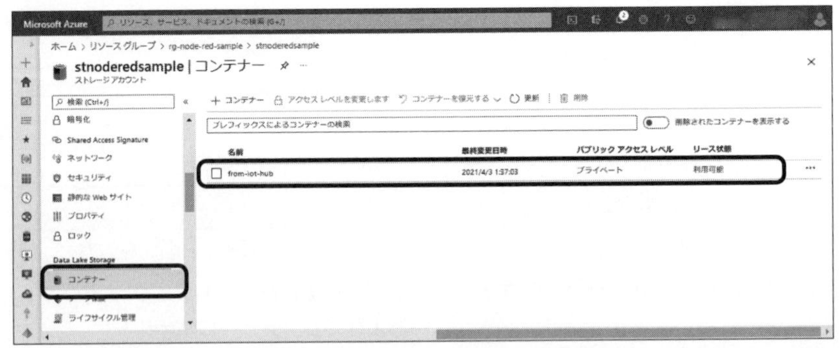
図 5-9-38 「ストレージ アカウント」「Data Lake Storage」の「コンテナー」一覧

「コンテナー」の中を開いてみると、指定したパスに JSON ファイルが格納されていることが分かります。

> ※「IoT Hub」で受信してから保存されるまで少々時間がかかります。
> まだファイルがない場合は少し時間をおいてみてください。

**[2]** ファイルを選択し、「編集」タブまたは「ダウンロード」ボタンからダウンロードしてファイルを開き、ファイルの内容を確認してみましょう。

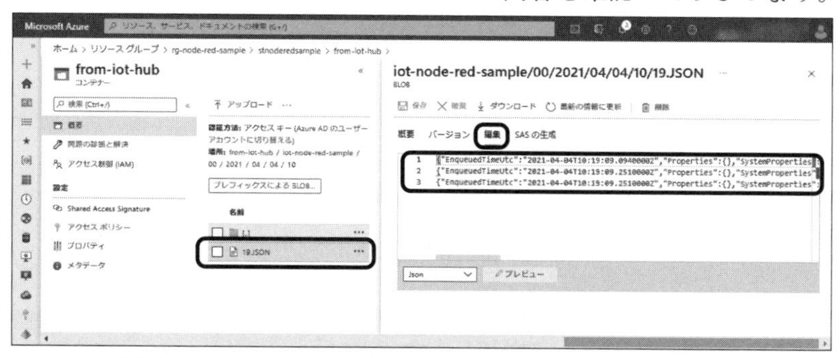

図 5-9-39 「コンテナー」の中に格納された JSON ファイル

作成された「JSON ファイル」には、1 行ずつ「JSON データ」が追記され、それぞれの「Body」には、「Node-RED」で作成したタイムスタンプのデータが設定されていることがわかります。

リスト 5-9-2 保存されたデータの例

```
{
  "EnqueuedTimeUtc": "2021-04-04T10:19:09.0940000Z",
  "Properties": {},
  "SystemProperties": {
    "to": "/devices/node-red-sample/messages/events",
    "connectionDeviceId": "node-red-sample",
    "connectionAuthMethod": "{¥"scope¥":¥"device¥",¥"type¥":¥"
sas¥",¥"issuer¥":¥"iothub¥",¥"acceptingIpFilterRule¥":null}",
    "connectionDeviceGenerationId": "637527017344035282",
    "contentType": "application/json",
    "contentEncoding": "utf-8",
    "enqueuedTime": "2021-04-04T10:19:09.0940000Z"
  },
  "Body": { "timestamp": 1617531540870 }
}
```

応用として、たとえば「Data Lake Storage」と相性のいい「Synapse Analytics」で読込んでデータを扱うことが可能です。
興味のある方はこちらをご参考ください。

● 「チュートリアル：Azure Data Lake Storage からデータを読み込む - Azure Synapse Analytics | Microsoft Docs」

https://docs.microsoft.com/ja-jp/azure/synapse-analytics/sql-data-warehouse/sql-data-warehouse-load-from-azure-data-lake-store

## 5.10 外部のREST APIとの接続

「Node-RED」の特徴の1つは、「REST API」を用いて簡単に外部のサービスと接続できることです。

もし、「Node-RED」を使わない従来の方法で、「REST API」をマッシュアップさせたプログラムを作るとなると、エンジニアは「REST API」でやりとりするデータの仕様を理解してクライアントコードを書く必要があります。

一方で、「Node-RED」を使う場合は、ノンコーディングで利用できるノード部品を用いて、「REST API」の仕様に合わせてデータを変換したり、呼び出し方法を変更したりできるため、素早く開発できます。

この特徴を活かし、「Node-RED」は「REST API」をつなげたシステム開発でよく使われています。
この節では、実際にREST APIにアクセスするNode-REDのフローを作成し、REST APIの呼び出し方法、データ変換方法について解説します。

### ■シンプルなREST APIの呼び出し

「Node-RED」での基本的な「REST API」のアクセス方法を解説するために、「Swagger Petstore」(https://petstore.swagger.io/)のエンドポイントを以降の説明で使っていきます。

この「Swagger Petstore」は、「REST API」のドキュメント化の仕様を決めているOpen API Initiativeが提供しているサンプルのエンドポイントです。

このエンドポイントでは、**図 5-10-1** のように、ペットの売り買いを模擬した店舗のデータベースに対して、ペット情報の登録や削除をしたり、購入できるペットの数を取得したりできます。

図 5-10-1　Swagger Petstore の REST API のイメージ

この節で説明する Node-RED のフローで用いるエンドポイントは、**表 5-10-1** の 3 つです。

これらのエンドポイントを用いて、「http request ノード」での「GET/POST メソッド」の呼び出し方法、パラメータの設定方法、データの変換方法を説明していきます。

表 5-10-1　Swagger Petstore で提供されているエンドポイント ( 一部 )

| # | URL | メソッド | 説　明 |
|---|---|---|---|
| 1 | https://petstore.swagger.io/v2/store/inventory | GET | 購入できるペットの数を返すエンドポイント。「available」( 購入可能 )、「sold」( 購入済み ) などの各状態の数量を返す。 |
| 2 | https://petstore.swagger.io/v2/pet | POST | ストアにペット情報を追加するためのエンドポイント。 |
| 3 | https://petstore.swagger.io/v2/pet/{ペット ID} | GET | パスにペット ID を指定して、ストアからペット情報を取得するためのエンドポイント。 |

## ■GETメソッドを用いる方法

「Swagger Petstore」のエンドポイントにアクセスして、購入可能なペットの数を取得してみましょう。

### ● GETメソッドでREST APIからデータを取得

[1] フローの作成

まず、REST APIのエンドポイントからGETメソッドでデータを取得するフローを作成します。

**図5-10-2**のように「injectノード」「http requestノード」「debugノード」を配置し、順にワイヤーで接続します。

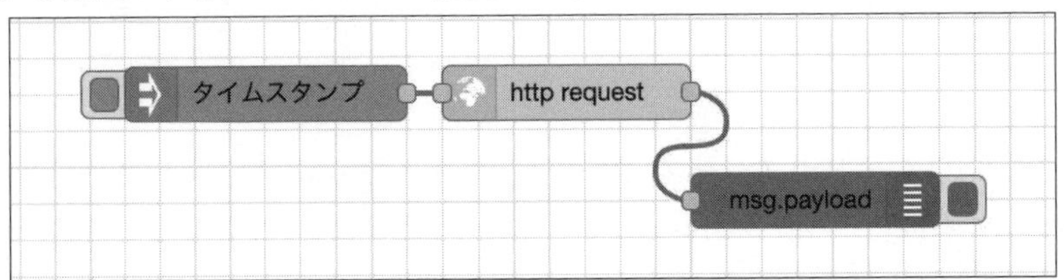


図5-10-2　GETメソッドでREST APIからデータを取得するフロー

[2] エンドポイントのURLを入力

http requestノードのプロパティ設定にて、**図5-10-3**のように「URL」欄にエンドポイントのURLである「https://petstore.swagger.io/v2/store/inventory」を入力します。

このフローではGETメソッドでエンドポイントにアクセスするため、「メソッド」欄はデフォルトの「GET」のままにします。

図5-10-3　http requestノードのプロパティ設定でエンドポイントを設定

「inject ノード」と「debug ノード」については、プロパティ設定の変更は必要ありません。

**[3]** 結果の出力

フローをデプロイ後、「inject ノード」の左側のボタンをクリックすると、「http request ノード」がエンドポイントからデータを取得し、debug ノードを経由して**図 5-10-4** のようにデバッグタブに結果を出力します。

「msg.payload：string[36]」と表示されているように、変数「msg.payload」の値は、「JSON オブジェクト」ではなく「文字列」として表示されています。

そして、その中に、購入できるペットの数「4」("available":4) が含まれていることを確認できます。

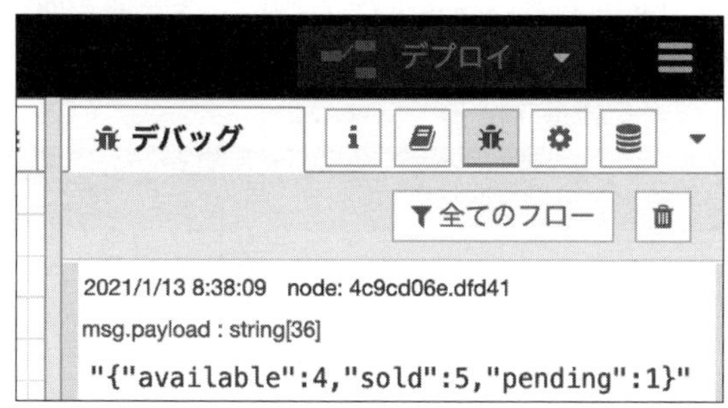


図 5-10-4 デバッグタブに表示された REST API から取得したデータ

### ●取得したデータのフォーマットを変換

「REST API」から取得した JSON データに含まれる値を用いてフローの後続の処理を行なうには、JSON オブジェクトに変換してデータを扱えると便利です。

前のフローでは、「JSON オブジェクト」のデータを「文字列」として扱っていました。

この文字列型のデータを JSON オブジェクトに型変換するには、**図 5-10-5** のように、「http request ノード」と「debug ノード」の間に「json ノード」を挿入します。

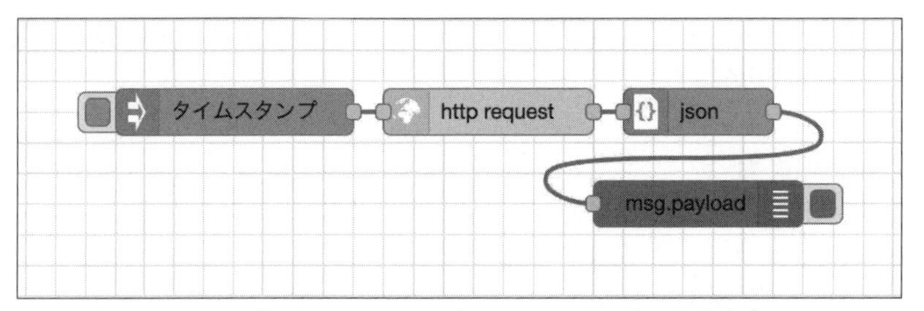

図 5-10-5　取得データを JSON オブジェクトに型変換して出力するフロー

フローをデプロイ後、「inject ノード」の左側のボタンをクリックすると、**図 5-10-6** のように、「REST API」から取得したデータを JSON オブジェクトの形式でデバッグタブに出力します。

「msg.payload：Object」という表示だけでなく、キー名を囲むダブルクォーテーションがなくなり、JSON オブジェクトとしてのシンタックスハイライトがされていることを確認できるでしょう。

デプロイ
デバッグ
全てのフロー
2021/1/13 8:38:21　node: 4c9cd06e.dfd41
msg.payload : Object
▸{ available: 4, sold: 5, pending: 1 }

図 5-10-6　REST API から取得した JSON オブジェクト形式のデータ

json ノード以外にも、パレット上の「パーサ」カテゴリには、よく http request ノードと組み合わせて型変換や値の抽出を行なうノードが存在します。

**表 5-10-2** にまとめたので、取得するデータの形式にあわせて、これらノードも使ってみてください。

表 5-10-2 http request ノードと組み合わせて使うノード

| # | ノード | 説明 |
|---|---|---|
| 1 | json ノード | 文字列型の JSON データを JSON オブジェクトに変換 |
| 2 | xml ノード | XML データを JSON オブジェクトに変換 |
| 3 | html ノード | HTML データをパースし、特定のパスにある情報を抽出するノード |

また、本フローでは使用しませんでしたが、「http request ノード」自体にも、JSON オブジェクトに型変換してメッセージを受け渡す機能があります。

もし「json ノード」を用いず、型変換をする場合は、「http request ノード」のプロパティ設定画面にて、「出力形式」を「JSON オブジェクト」に変更してください。

### ●取得したデータから特定の変数の値を抽出

次に、JSON オブジェクトの形式のデータから、特定の値を抽出するフローに修正してみます。

ここでは、購入可能なペットの数を取り出したいため、「available」の数値を取得させてみます。

**[1]**「change ノード」の挿入

値の抽出を行なうために、「json ノード」と「debug ノード」の間にさらに「change ノード」を挿入します。

**図 5-10-7** のフローでは、「change ノード」は「値を抽出」という名前になっています。

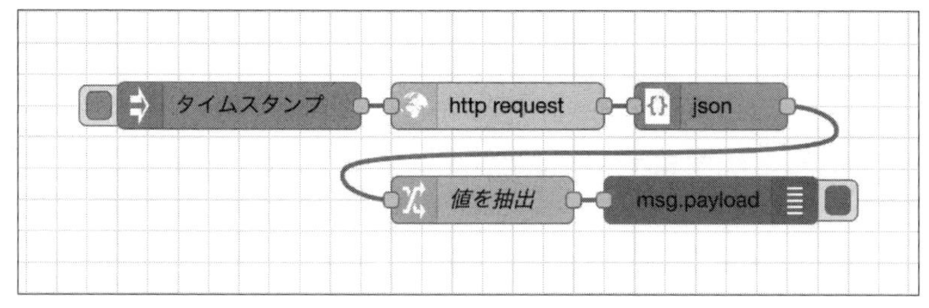


図 5-10-7 REST API から取得したデータから特定の値を取り出すフロー

[2] パスのコピー

取り出す変数のパスの入力では、デバッグタブが持つ「パスをコピーする機能」を使うと、キーボードの入力間違いを減らせて便利です。

まず、デバッグタブに出力された JSON オブジェクトの左側に表示されている逆三角形をクリックして JSON 構造を展開します。

その後、取得したい変数の上にマウスカーソルを移動します。

すると**図 5-10-8** のように「パスをコピー」というポップアップが表示される「>_」ボタンが表示されるため、このボタンをクリックし、クリップボードに変数のパス「payload.available」をコピーします。

図 5-10-8 「パスをコピー」の機能を用いて抽出したい値のパスを取得

[3] パスの代入

次に、抽出したい値をメッセージ内の変数「msg.payload」に代入するために、「change ノード」のプロパティ設定を**図 5-10-9** のように変更します。

「対象の値」の右側にある「a-z」をクリックすると表示されるメニューから「msg.」を選択後、さらに右隣の入力欄へクリップボード上にあるパス「payload.available」を貼り付けます。

この設定により、「msg.payload.available」の値を「msg.payload」に代入できる様になります。

図 5-10-9　change ノードのプロパティ設定

**[4]** 値の抽出

最後にフローをデプロイ後、「inject ノード」の左側のボタンをクリックします。

すると、**図 5-10-10** のようにデバッグタブに抽出したい値「4」のみが表示されるでしょう。

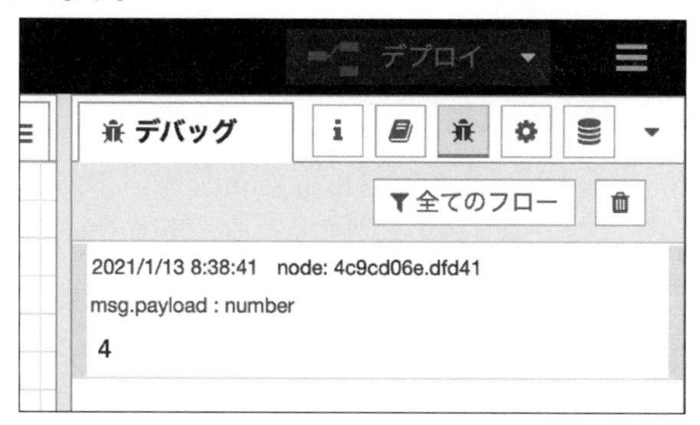


図 5-10-10　抽出したい値のみ表示できたデバッグタブの様子

もしさらに後続のフローを追加するのであれば、この値を用いて購入可能なペットの数が 1 以上の時に、その情報を LINE に通知するなどの機能を実現することもできそうですね。

## ■POSTメソッドを用いる方法

次に、「POST メソッド」を用いて、「REST API」のエンドポイントへデータを送付するフローを作成してみましょう。

### ● POST メソッドで REST API へデータを送付

ここでは、ペット情報を記載した JSON データを「REST API」へ送付してみます。

**[1]** フローの作成

作ったフローは、**図 5-10-11** の通りです。

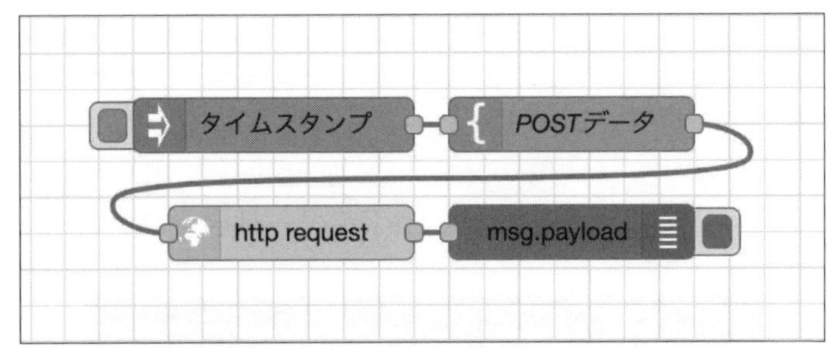


図 5-10-11 「POST メソッド」で「REST API」へ JSON データを送付するフロー

「POST メソッド」を用いる場合、「http request ノード」へ渡すメッセージに送信するデータを定義する必要があるため、「http request ノード」の前に「template ノード」を配置しています。

**[2]**「template ノード」のプロパティ設定

「template ノード」のプロパティ設定には、**図 5-10-12** のように JSON データを記載します。

図 5-10-12　template ノードにエンドポイントへ送付するデータを定義

「Swagger Petstore」のエンドポイントの仕様上、JSON データの「id」の値はペット情報固有の値を設定する必要があります。

そこで、「Mustache テンプレート」という機能を使って、前の「inject ノード」から受け取ったタイムスタンプを「id」として入れた JSON データにしています。

また、出力するメッセージを JSON データとして扱うため、「出力形式」のプルダウンメニューでは「JSON」を選択してください。

**[3]**「http request ノード」のプロパティ設定

**図 5-10-13** の「http request ノード」のプロパティ設定では、「メソッド」欄で「POST」を選択し、「URL」欄には「https://petstore.swagger.io/v2/pet」を入力します。

「出力形式」のプルダウンメニューでは、「JSON オブジェクト」を選択してください。

図5-10-13　http request ノードに POST メソッドで呼び出すよう設定

**[4]** デバッグタブでの確認

フローをデプロイ後、「inject ノード」の左側のボタンをクリックすると、「template ノード」に定義した JSON データが、「http request ノード」によって「REST API」のエンドポイントに送付されます。

データが正常に受け付けられた場合、本エンドポイントは送付されたデータと同じデータを返却するため、**図5-10-14** の様にデバッグタブには送付した JSON オブジェクトが表示されます。

図5-10-14　返却された JSON オブジェクトがデバッグタブに表示された様子

次のステップでは、デバッグタブに表示された JSON オブジェクト内の ID の値「1610529500849」を使用します。

そのため、マウスオーバーすると表示される「値をコピー」のボタンを使って、クリップボードへコピーしておきましょう。

### ●パラメータを設定して REST API からデータを取得

Swagger Petstore では、登録したペット情報を参照するためのエンドポイントも用意されています。

このエンドポイントは、ID をパラメータとして URL のパスに指定することで、ペット情報を呼び出す仕様になっています。

「Node-RED」のフローで、この仕様の「REST API」を「GET メソッド」で呼び出し、ペット情報が正しく登録されているか確認してみましょう。

---

**[1]** フローの作成

まず、**図 5-10-15** のように「inject ノード」「change ノード」「http request ノード」「debug ノード」を順につないだフローを作ります。

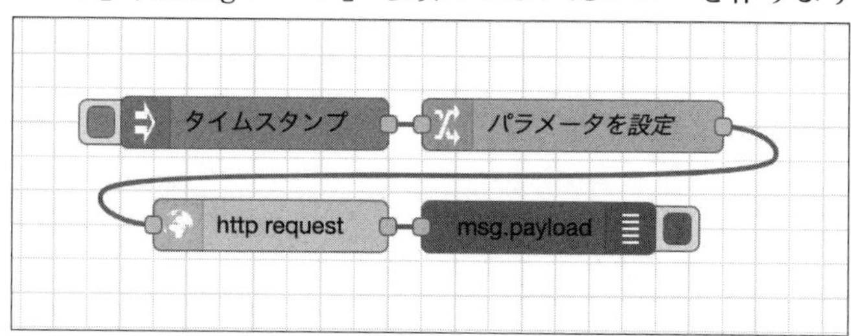


図 5-10-15　パラメータを用いて REST API に接続するフロー

「パラメータを設定」という名前に変更した「change ノード」を用いることで、パラメータの値を設定しています。

**[2]**「change ノード」のプロパティ設定

「change ノード」のプロパティ設定では、**図 5-10-16** のように「対象の値」へ、前の手順でクリップボードにコピーしたペット情報の ID「1610529500849」を貼り付けます。

この設定によって、後続のノードに渡されるメッセージ内の変数「msg.payload」にペット情報のID「1610529500849」が代入されます。

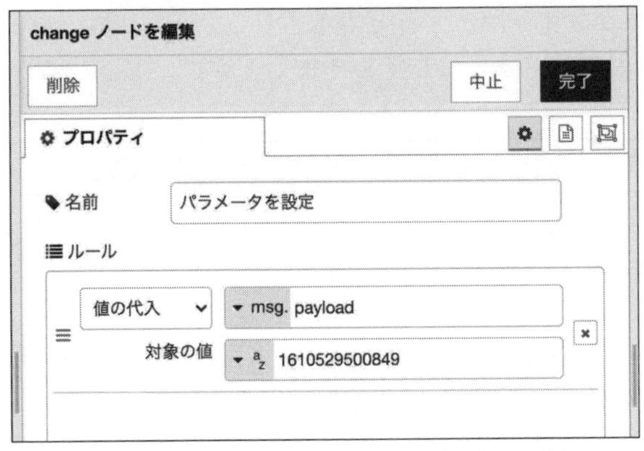


図5-10-16　changeノードのプロパティ設定

**[3]**「http requestノード」のプロパティ設定

「http requestノード」のプロパティ設定は、**図5-10-17**の通りです。

「URL」の欄には、「https://petstore.swagger.io/v2/pet/{{{payload}}}」と入力します。

この「三重の中括弧」の「{{{payload}}}」は、URLにメッセージ内の文字列を追記するために、変数名を指定する記述方法です。

ここでは、変数「msg.payload」内の文字列をURLの末尾に追記しています。

前のchangeノードによって変数「msg.payload」にペットID「1610529500849」が格納されているため、生成したURLは「https://petstore.swagger.io/v2/pet/1610529500849」となります。

また、エンドポイントから返されるデータは、JSON形式であるため、「出力形式」のプルダウンメニューでは「JSONオブジェクト」を選択してください。

http request ノードを編集
削除 中止 完了
プロパティ
メソッド GET
URL https://petstore.swagger.io/v2/pet/{{{payload}}}
ペイロード 無視
SSL/TLS接続を有効化
認証を使用
コネクションkeep-aliveを有効化
プロキシを使用
出力形式 JSONオブジェクト
名前 名前
注釈: JSONの構文解析に失敗した場合は、取得した文字列をそのまま
有効

図 5-10-17　http request ノードのプロパティ設定

### [4] デバッグタブでの確認

最後にフローをデプロイした後、「inject ノード」の左側のボタンをクリックします。

すると、**図 5-10-18** のようにデバッグタブには、登録したペット情報が表示されます。

これで、ペット情報が正しく登録されていることが分かりました。

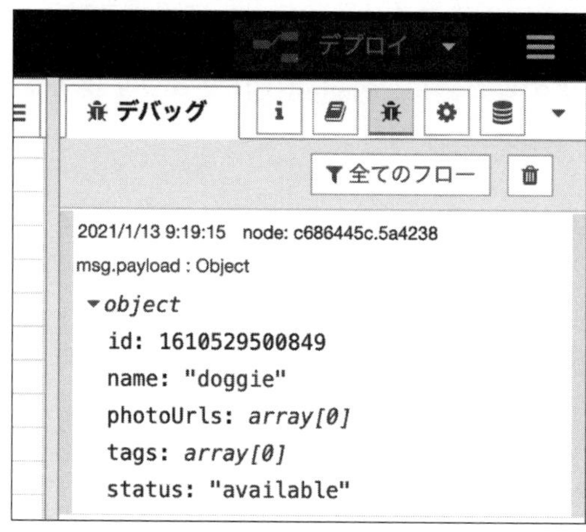


図 5-10-18　デバッグタブに表示されたペット情報

「http request ノード」で利用できる「三重の中括弧」による URL への値の挿入は、クエリ型のパラメータの URL においても用いることができます。

たとえば、「http://example.com?key=value」という URL の「value」を、変数 msg.payload によって変更できる様にするには、「http://example.com?key={{{payload}}}」という URL を記載します。

クエリ型のパラメータ設定が必要となる REST API は世の中に多く存在しているため、この方法は覚えておくと便利です。

## ■ノードのソースコード自動生成ツール「Node generator」

この節では、「Node-RED」での「REST API」の呼び出し方法を説明するため、「Node-RED」の標準ノードを用いました。

一方、企業が提供するサービスの「REST API」では、オリジナルノードをチュートリアルと合わせて公開した方が、ユーザーにとっても使いやすく、Node-RED の世界においてよりサービスを普及させることができるでしょう。

しかし、ノードの開発は JavaScript や HTML によるコーディングとなるため、工数やノウハウが必要となり、気軽に開発を始めることはできません。
この問題を解決するために、Node-RED プロジェクトで提供されているツールが「Node generator」です。

本ツールを用いると、「OpenAPI ドキュメント」から 1 コマンドでオリジナルのノードのソースコードを自動生成することができます。

典型的な開発例は、**図 5-10-19** の通りです。

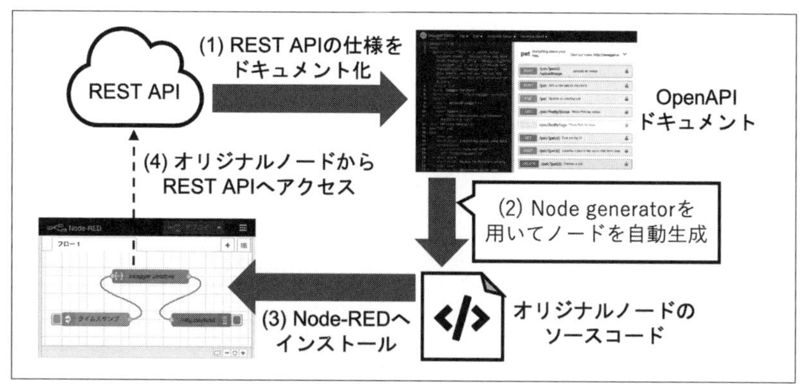


図 5-10-19 Node generator を用いたオリジナルノード作成と利用

一般的に「REST API」は OpenAPI ドキュメントと合わせて公開するため、ほぼ工数なしでオリジナルノードを作れます。

元々「Node generator」は、日立が Flow Connection Gateway の一部機能として開発してきたツールであり、Node-RED プロジェクトで OSS 化したことで、これまでに日立だけでなく Cisco、IBM などの企業も各社のサービスを Node-RED とつなぐためにこのツールを利用してきました。

実は、**5.4 節**で紹介した「OpenSky Network ノード」も「Node generator」を用いてコードを生成し、数十行の修正のみで開発したノードです。

「Swagger Petstore」の「REST API」は、「OpenAPI ドキュメント」があるため、「Node generator」を使ったオリジナルノードを作ることもできます。

作成の手順は、以下の 4 ステップのみです。

**[1]** Node generator のインストール

コマンドプロンプトを管理者モードで開き、以下の npm コマンドを実行して「Node generator」をローカル PC にインストールします。

```
npm install -g node-red-nodegen
```

Linux や macOS 環境では、コマンドの先頭に適宜「sudo」をつけてインストールしてください。

[2]「OpenAPI ドキュメント」から、ノードのパッケージを自動生成

インストールが完了すると「node-red-nodegen コマンド」を利用できるようになっています。

以下のコマンドを実行すると、カレントディレクトリに「ノードのソースコードを含むディレクトリ」と「tgz ファイル」が自動生成されます。}

```
node-red-nodegen   https://petstore.swagger.io/v2/swagger.json
--tgz
```

コマンドの第一引数には、「OpenAPI ドキュメント」の URL を指定します。

ここではノードのソースコードだけではなく、ソースコードを含む tgz ファイルも作るため、第二引数に「--tgz」オプションを加えています。

[3] tgz ファイルを Node-RED へインストール

「Node-RED」には、**図 5-10-20** の通り「ユーザー設定」に「tgz ファイル」として固めたオリジナルノードをアップロードするボタンが用意されています。

このボタンから生成した「tgz ファイル」をインストールします。

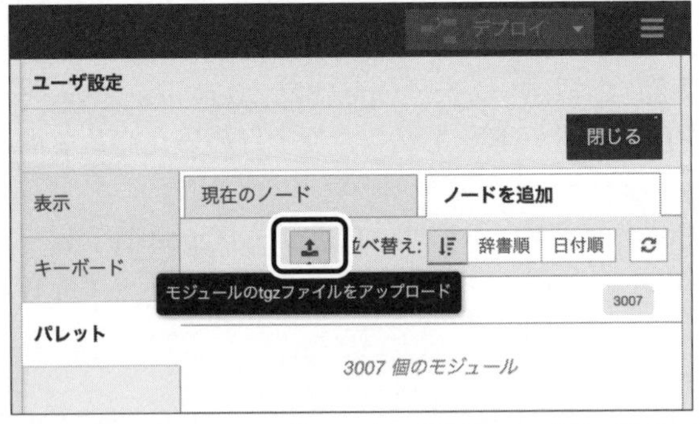


図 5-10-20　オリジナルノードの tgz ファイルをアップロードできるボタン

[4] オリジナルノードを用いたフローの作成

オリジナルノードのインストールが成功すると、パレットの「機能」カテゴリの中に緑色の「swagger petstore」ノードが登場します。

**図 5-10-21** のフローでは、購入できるペットの数を返すエンドポイントを呼び出してみました。

「JSON オブジェクト」への型変換も自動で行なっていることが分かります。

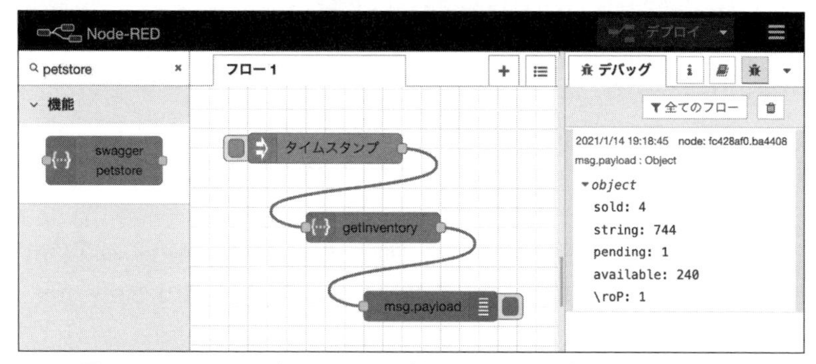


図 5-10-21　オリジナルノードを使って、エンドポイントへアクセス

「swagger petstore ノード」のプロパティ設定も見てみましょう。

**図 5-10-22** のように、パラメータが必要となるエンドポイントについては、パラメータの入力欄（画像の例では petId の入力欄）も作ってくれています。

そのため、ユーザーは、「change ノード」などを使ったパラメータの値を設定するフローを作る必要が無くなります。

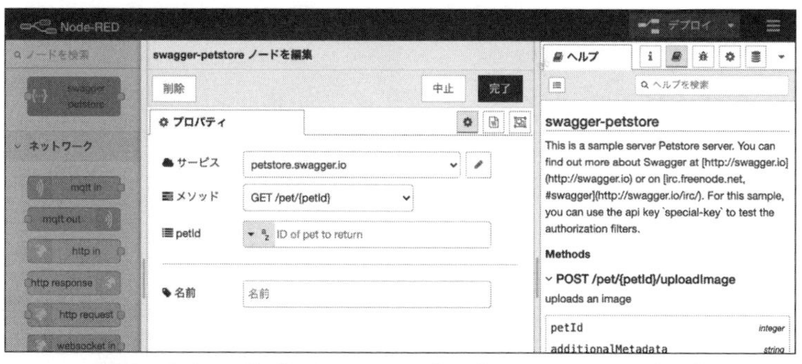


図 5-10-22　生成したノードのプロパティ画面とヘルプタブ

右側サイドバーに表示される「ノードのヘルプ」についても OpenAPI ドキュメントから自動生成してくれるため、「REST API」の仕様に合わせたドキュメントの更新も容易です。

オリジナルノードの作成が必要な時は、この「Node generator」をぜひ試してみてください。

## 5.11 認証付き「REST API」との接続

### ■認証付き「REST API」の呼び出し

クラウドサービスで提供されている「REST API」では、利用量やユーザーの特定のため、一般的にAPIキーを設定して利用します。

ここでは、APIキーを用いた認証を必要とする「REST API」の呼び出し方を説明するために、以下の主要なクラウドサービスの翻訳APIを用います。

**・Google Cloud, Cloud Translation (Bearer認証を使用する方式)**

```
https://cloud.google.com/translate
```

**・IBM Cloud, Watson Language Translator (Basic認証を使用する方式)**

```
https://www.ibm.com/jp-ja/cloud/watson-language-translator
```

**・Microsoft Azure, Translator (HTTPヘッダにAPIキーを設定する方式)**

```
https://www.microsoft.com/ja-jp/translator/
```

これらのサービスは、すべて「POSTメソッド」を用いてデータを送付しますが、APIキーの受け渡し方法が異なっています。

それぞれの受け渡しの方法を学ぶことで、他のサービスの「REST API」への接続も対応できるようになるでしょう。

ここでは**図5-11-1**のように日本語を英語に翻訳するフローを作ります。

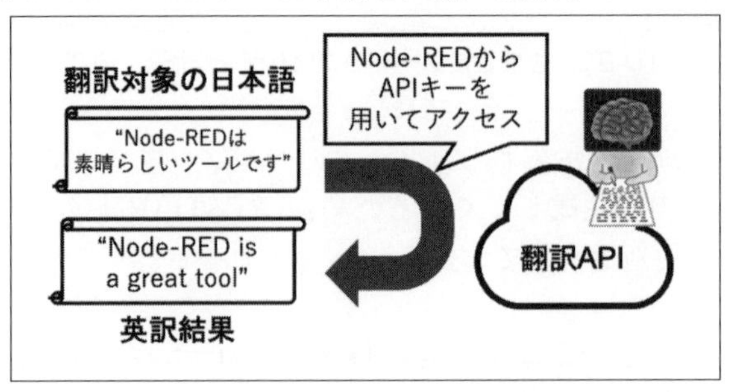


図5-11-1　翻訳APIを用いて日本語を英訳する例

## ■「Bearer認証」を用いて「REST API」にアクセス

「Bearer 認証」の例として、「Google Cloud」の翻訳 API を使って説明します。

**[1]** フローの作成

作成するフローは、**図 5-11-2** の通りです。

「Bearer 認証」では、「http request ノード」のプロパティ設定に認証情報を設定します。

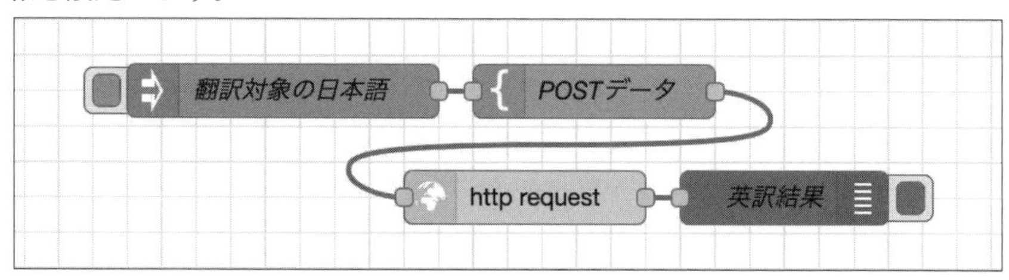


図 5-11-2　Google Cloud の Cloud Translation を用いて翻訳を行なうフロー

**[2]**「inject ノード」のプロパティ設定

「inject ノード」のプロパティには、**図 5-11-3** のように、英語へ翻訳する日本語の文字列を登録します。

デフォルトでは「msg.payload」の値は「日時」になっているため、クリックしてプルダウンメニューを表示し、「文字列」に変更しましょう。

次に、文字列を表す「az」アイコンの右側へ新たに現れるテキストの入力欄に文字列「Node-RED は素晴らしいツールです。」と入力します。

図 5-11-3　inject ノードに翻訳対象の日本語を設定

**[3]**「template ノード」のプロパティ設定

次に、「template ノード」のプロパティ設定にて、**図 5-11-4** のように翻訳 API に送付する JSON データを定義します。

「JSON データ」は、テキストを日本語から英語に翻訳するためのデータになっています。

「JSON データ」内のキー「q」の値は、翻訳対象の文字列を「Mustache テンプレート」の機能を用いて、前のノードから受け取ったメッセージ内の変数「msg.payload」の文字列を挿入するようにしています。

なお、今回扱うデータは JSON 形式であるため、「出力形式」のプルダウンメニューでは「JSON」を選択してください。

図 5-11-4　template ノードに POST する JSON データを設定

**[4]**「Cloud Translation API」の設定

「Cloud Translation API」の利用方法の詳細については、下記のドキュメントを参照してください。

| https://cloud.google.com/translate/docs/setup |
|---|

ドキュメントに記載の通り、「サービスアカウントキーファイル」を配置し、以下のコマンドを実行してAPIキーを取得します。

```
export  GOOGLE_APPLICATION_CREDENTIALS=<サービスアカウントキーファイルのパス>
gcloud auth application-default print-access-token
```

ここでは、「gcloudコマンド」が用意されている「Google Cloud Shell」の環境を使用しました。

**図5-11-5**の画面の様にAPIキーが発行されたら、マウスで選択し、クリップボードにコピーしてください。

なお、本APIキーはGoogle Cloudの仕様により1時間のみ有効です。そのため継続的に利用するには、APIキーを定期的に再発行する別の仕組みが必要です。

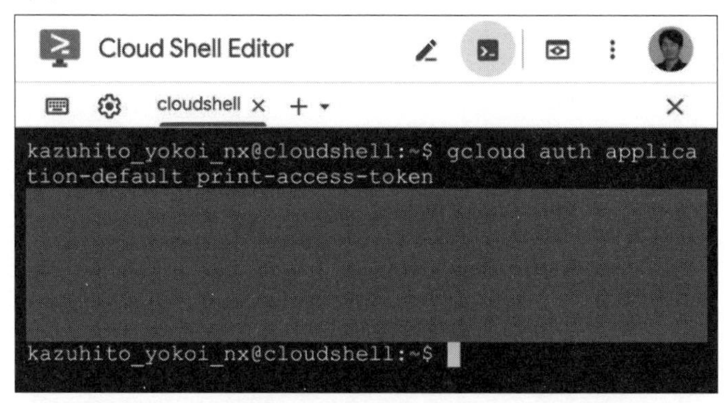


図5-11-5　Google Cloud ShellからAPIキーをコピー

**[5]**「http requestノード」のエンドポイント設定

「http requestノード」のプロパティは、**図5-11-6**のように「Cloud Translation API」のエンドポイントと認証情報を設定します。

まず、「メソッド」のプルダウンメニューでは、「POST」を選択します。

「URL」の欄には、Cloud Translation APIのエンドポイントである「https://translation.googleapis.com/language/translate/v2」を入力します。

**[6]**「http request ノード」の認証情報設定

次に、「認証を使用」のチェックボックスをオンにし、認証情報を設定できる様にします。

新たに表示される認証の「種別」のプルダウンメニューでは「Bearer 認証」、「トークン」の入力欄に Google Cloud Shell からコピーした API キーを貼り付けます。

「Cloud Translation API」は JSON 形式のデータを返すため、「出力形式」のプルダウンメニューでは「JSON オブジェクト」を選択しましょう。

図 5-11-6　http request ノードに Cloud Translation との接続設定

**[7]** デバッグタブでの確認

debug ノードでは、翻訳結果の文字列のみデバッグタブに表示するため、JSON オブジェクト内のパスを指定します。

**図 5-11-7** のように、プロパティ設定にて、「対象」のパスを「msg.payload.data.translations[0].translatedText」に変更してください。

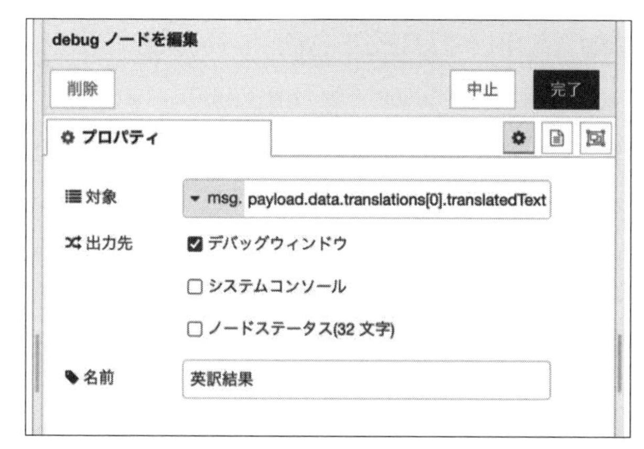


図 5-11-7 「debug ノード」に英訳結果が格納されている変数のパスを設定

フローをデプロイ後、「inject ノード」の左側のボタンをクリックすると、翻訳が行なわれ、**図 5-11-8** のようにデバッグタブに翻訳結果の英文「Node-RED is a great tool.」が表示されます。

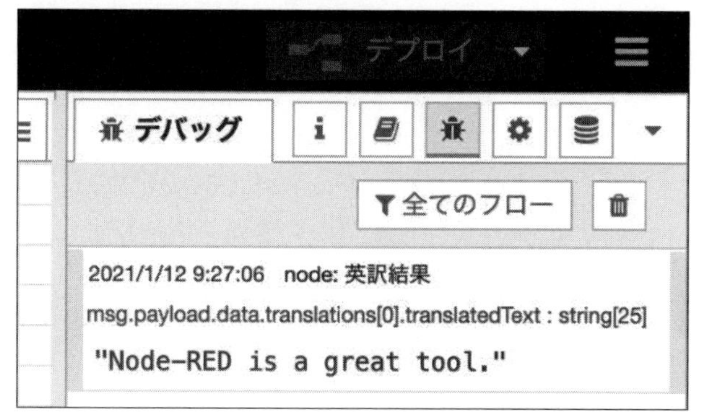


図 5-11-8 Cloud Translation API によって日本語を英訳した結果

これまで、「Cloud Translation API」と「Bearer 認証」を用いた「Node-RED」のフローの例を見てきました。

次に、「Basic 認証」を用いたフローの例を見ていきます。

## ■「Basic認証」を用いて「REST API」にアクセス

「Watson Language Translator」を「http request ノード」を使って呼び出す場合は、プロパティ設定に「Basic 認証」で必要な情報を設定します。

---

**[1]** フローの作成

**図 5-11-9** の様に並んでいるノードが Cloud Translation API のフローと同じであることから分かるように、認証以外のフローの作成方法は前述のものとほぼ同じです。

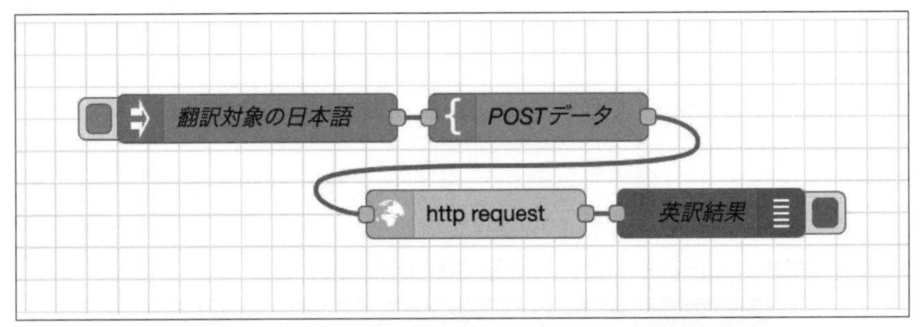


図 5-11-9　Watson Language Translator API を用いて翻訳を行なうフロー

**[2]**「inject ノード」「template ノード」の設定

「inject ノード」には、前のフローと同じく、翻訳対象の「Node-RED は素晴らしいツールです。」という日本語の文字列を格納します。

「template ノード」には、inject ノードから受け取った文字列を英語に翻訳するための JSON データを、**図 5-11-10** のように記述します。

今回扱うデータは JSON 形式であるため、「出力形式」のプルダウンメニューでは「JSON」を選択してください。

図 5-11-10　template ノードに POST する JSON データを設定

**[3]**「エンドポイントの URL」と「API キー」を取得

次に、IBM Cloud のポータルから発行した「エンドポイントの URL」と「API キー」を取得します。

サービスの作成手順については、5.8 節の「Watson Language Translator API サービスの作成」に詳細があるので参照してください。

サービスを**図 5-11-11** のように、「管理」メニューの「資格情報」にある「API キー」と「URL」それぞれの右側のコピーボタンをクリックするとクリップボード上にコピーできます。

図 5-11-11　IBM Cloud のポータル画面から API キーと URL をコピー

**[4]**「http request ノード」のプロパティ設定

「http request ノード」のプロパティは、**図 5-11-12** のように設定します。
「メソッド」のプルダウンメニューでは「POST」を選択します。

「URL」の欄には、ポータルからコピーした「URL」の末尾に「/v3/translate?version=2018-05-01」を追加した URL を入力します。

たとえば、ポータルからコピーした URL が、

「https://api.us-south.language-translator.watson.cloud.ibm.com/instances/xxxxxxxx-xxxx-xxxx-xxxx-xxxxxxxxxxxx」

の場合、

「https://api.us-south.language-translator.watson.cloud.ibm.com/instances/xxxxxxxx-xxxx-xxxx-xxxx-xxxxxxxxxxxx/v3/translate?version=2018-05-01」

という URL になります。

次に、「認証を使用」のチェックボックスをオンにすると認証設定のUIが新たに表示されます。

認証の「種別」を設定するプルダウンメニューは「Basic 認証」のままにします。「ユーザ名」の入力欄には「apikey」、パスワードの欄にはポータルからコピーしたAPIキーを貼り付けてください。

図 5-11-12　http request ノードのプロパティ設定

**図 5-11-13** の debug ノードのプロパティ設定では、英訳結果の文字列のみを表示するため、「対象」のパスとして、

「msg. payload.translations[0].translation」

を入力してください。

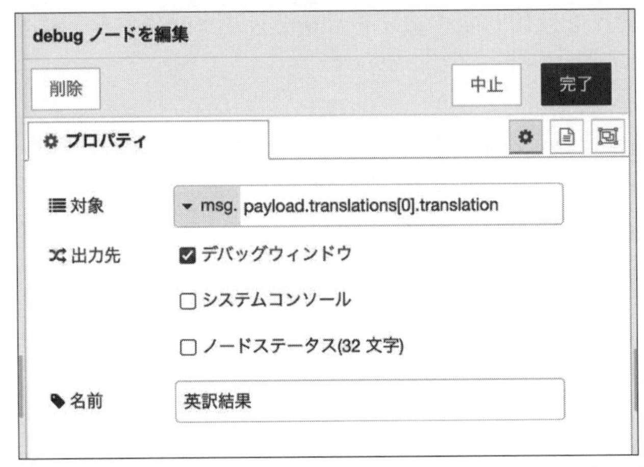


図 5-11-13　debug ノードに英訳結果が格納されている変数のパスを設定

[5] デバッグタブでの確認

最後にデプロイボタンをクリックした後、「inject ノード」のボタンをクリックします。

すると、デバッグタブに「Node-RED is a great tool.」と表示されるでしょう。

*

この節では「Digest 認証」を用いる「REST API」については紹介していませんが、「http request ノード」では、「Digest 認証」を使うこともできます。

その場合は、「http request ノード」の「種別」のプルダウンメニューで「Digest 認証」を選択すれば、他の設定手順は「Basic 認証」と同じです。

次の例では、これまでに紹介した「Bearer 認証」「Basic 認証」「Digest 認証」以外の認証の方法で「REST API」へアクセスするフローについて見ていきます。

## ■HTTPヘッダにAPIキーを設定して、REST APIにアクセス

「Microsoft Azure」の Translation API は、HTTP ヘッダに独自の認証情報を入れる仕様になっています。

[1] フローの作成

**図 5-11-14** のフローでは、HTTP ヘッダに認証情報を設定するため、http request ノードの前に change ノードを挿入しています。

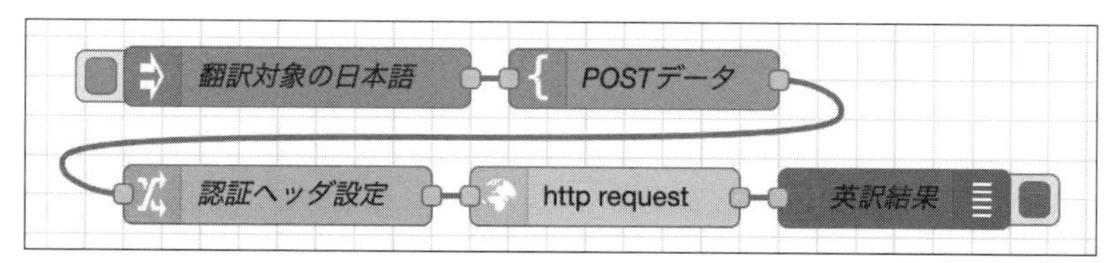


図 5-11-14　Microsoft Azure の Translation API を用いて翻訳を行なうフロー

**[2]**「inject ノード」「template ノード」の設定

「inject ノード」には、これまでのフローと同じく、翻訳対象の「Node-RED は素晴らしいツールです。」という日本語の文字列を格納しています。

「template ノード」のプロパティ設定には、**図 5-11-15** のように、inject ノードから受け取った文字列を挿入する JSON データを記載しています。

今回扱うデータは JSON 形式なので、「出力形式」のプルダウンメニューは「JSON」を選択してください。

図 5-11-15　template ノードに POST するデータを設定

**[3]**「API キー」の取得

次に「Azure ポータル」上で「Translator API」のサービスを作り、「API キー」を取得します。

「API キー」を取得する画面までの操作の詳細については、下記ドキュメントを参照してください。

なお、今回の手順では、作成時の「リソースのリージョン」は、「グローバル」を選択する必要があります。

```
https://docs.microsoft.com/ja-jp/azure/cognitive-services/translator/translator-how-to-signup
```

**図 5-11-16** の API キーを取得できる「キーとエンドポイント」の画面では、「クリップボードにコピー」のボタンを用いて API キーをクリップボードへコピーします。

この画面で、リソースのリージョンを表わす「場所」が「global」になっていることも確認してください。

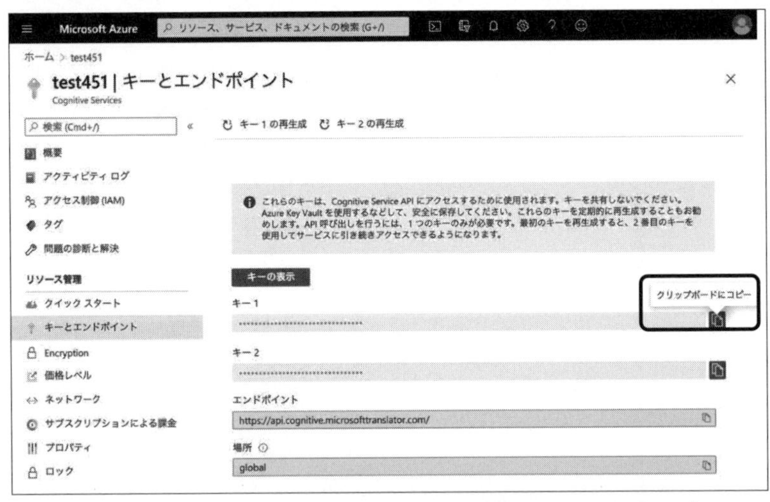


図 5-11-16　Microsoft Azure のポータル画面から API キーをコピー

**[4]** 認証ヘッダの設定

「http request ノード」に認証ヘッダを使わせるには、受け渡すメッセージ内の変数「msg.headers」以下に認証ヘッダを設定する必要があります。

この認証ヘッダの設定には、「change ノード」を用います。

「Translator API」の場合は、「API キー」を「Ocp-Apim-Subscription-Key」という名前に紐づけた認証ヘッダを用います。

本認証ヘッダを設定するためには、**図5-11-17**のように、「changeノード」の「値を代入」の1つ目の代入先の入力欄に「msg.headers.Ocp-Apim-Subscription-Key」を入力します。

2つ目の「対象の値」の入力欄には代入する文字列として、「Azureポータル」から取得した「APIキー」を貼り付けます。

図5-11-17　changeノードを用いて認証ヘッダにAPIキーを設定

**[5]**「http requestノード」のプロパティ設定

**図5-11-18**の様に、「http requestノード」のプロパティ設定にある「メソッド」のプルダウンメニューでは「POST」を選択します。

「URL」の入力欄には、「Translation API」のエンドポイントのURL、「https://api.cognitive.microsofttranslator.com/translate?api-version=3.0&to=en」を入力します。

最後に「出力形式」のプルダウンメニューにて「JSONオブジェクト」を選択すれば、「http requestノード」のプロパティ設定は完了です。

図5-11-18　http requestノードのプロパティ設定

[6] デバッグタブでの確認

「debugノード」では、翻訳結果の英文のみ表示するため、**図5-11-19**の様に「対象」のパスとして「msg.payload[0].translations[0].text」を設定しました。

図5-11-19　debugノードに英訳結果が格納されている変数のパスを設定

フローをデプロイ後、injectノードのボタンをクリックすると、他の翻訳APIと同様に「Node-RED is a great tool.」という翻訳結果がデバッグタブに表示されるでしょう。

---

この節では、HTTPヘッダに認証情報を設定する場合の「Node-RED」のフローの開発方法を紹介しました。

もし、URLのパラメータに「APIキー」を設定するサービスと接続したい場合は、**「5.10 パラメータを設定してREST APIからデータを取得」**の手順を参照してください。

# 附　録

## ノード早見表

本書で使っているノードの一覧です。

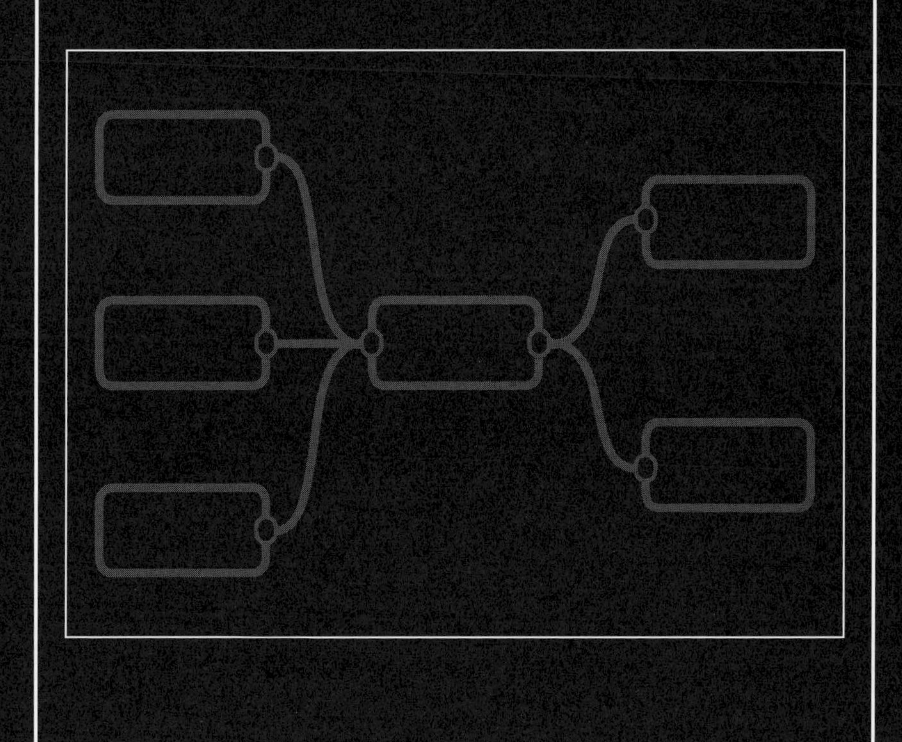

## ノード早見表

| カテゴリ | 名称 | 処理の動き |
|---|---|---|
| 共通 | inject ノード<br>inject | つなげたノードに、さまざまなデータを送り込む。 |
| | debug ノード<br>debug | 送られてきたデータを「デバッグ・ウィンドウ」に表示。 |
| 機能 | function ノード<br>function | 記述した JavaScript を実行。 |
| | template ノード<br>template | 画面表示したい文字列を記載。<br>タグを利用すれば「HTML 形式」の表示や「データ・バインド」も可能。 |
| | change ノード<br>change | 指定した処理でデータを変換。 |
| | switch ノード<br>switch | 条件によって、フローの遷移先をスイッチする。<br>条件は「評価式」や「関数」で設定。 |
| | serial 入力ノード<br>serial | 「シリアル接続」されたデバイスとシリアル通信しデータ読み取る。 |
| | serial 出力ノード<br>serial | シリアル接続されたデバイスとシリアル通信しデータを送信する。 |
| ネットワーク | http in ノード<br>http in | 「HTTP リクエスト」を受け付けるためのパスを設定。 |
| | http response ノード<br>http response | 「HTTP レスポンス」を送信。<br>Node-RED 上で処理したデータを、対象の HTTP(S) セッションに返却する。 |

| カテゴリ | 名称 | 処理の動き |
|---|---|---|
| シーケンス | split ノード | データを分割。 |
| | join ノード | 分割した配列データを結合。 |
| パーサ | json ノード | 「JSON オブジェクト」と「JSON 文字列」を相互変換。 |
| | csv ノード | 入力されたデータを「CSV データ」に変換して出力。 |
| ストレージ | file 出力ノード | 到着したデータを「テキスト・ファイル」として扱い、追記・新規保存を行なう。 |
| | sqlite ノード | 入力として「SQL 文」を受け付けて、「SQLite データベース」を検索した結果を出力。 |
| 出力 | play audio ノード | ブラウザ上で音声を再生するノード。<br>node-red-contrib-play-audio |
| Dashboard | dashboard text input ノード | 「ダッシュボード」上の入力フォームから受け取った文字列を、メッセージとして後続のノードに渡す。 |
| | dashboard text ノード | 受け取ったメッセージを「ダッシュボード」に表示。 |
| | dashboard chart ノード | 受け取ったメッセージを「ダッシュボード」上にグラフ表示。 |

## ノード早見表

| カテゴリ | 名称 | 処理の動き |
|---|---|---|
| cloud | azureiothub ノード<br>azureiothub | 「Azure IoT Hub」と、メッセージデータの送受信をする。 |
| AWS IoT | aws mqtt 入力ノード<br>aws mqtt | 「AWS IoT」でメッセージを購読。 |
| | aws mqtt 出力ノード<br>aws mqtt | 「AWS IoT」でメッセージを発行。 |
| IBM Watson | visual recognition ノード<br>visual recognition | 「IBM Watson」が提供するノードの内の一つ で、Watson の「Visual Recognition API」を呼び出すことができる。<br>API の呼び出しには、Watson 側で払い出される「API キー」が必要になる。 |
| location | worldmap ノード<br>worldmap | 受け取ったメッセージの内容を基に<br>地図を操作し、ピンを配置する。 |
| | opensky network ノード<br>opensky - network | 飛行機の位置情報を提供しているサービス OpenSky Network にアクセスするノード |
| location | geofence ノード<br>geofence | 指定範囲内の位置情報を持つメッセージのみに絞り込むノード |

## ■追加するノード一覧

上記の早見表で紹介したノードのうち、追加するノードはこちらです。

| カテゴリ | 名　称 | インストールするノードの名称 |
| --- | --- | --- |
| 機能 | serial 入力ノード<br>serial | node-red-node-serialport |
| | serial 出力ノード<br>serial | |
| ストレージ | sqlite ノード<br>sqlite | node-red-node-sqlite |
| cloud | azureiothub ノード<br>azureiothub | node-red-contrib-azureiothubnode |
| Dashboard | dashboard text input ノード<br>abc text input | node-red-dashboard |
| | dashboard text ノード<br>text abc | |
| | dashboard chart ノード<br>chart | |
| AWS IoT | aws mqtt ノード<br>aws mqtt | node-red-contribaws-iot-hub |

| カテゴリ | 名　称 | インストールするノードの名称 |
|---|---|---|
| IBM Watson | visual recognition ノード | node-red-node-watson |
| location | worldmap ノード | node-red-contrib-web-worldmap |
| | geofence ノード | node-red-node-geofence |

# 索　引

## ノード



## アルファベット順

### 《A》

**[著者プロフィール]**

## Node-RED ユーザーグループ ジャパン

2015 年 10 月より「IBM Cloud User Group」（BMXUG）の後押しを得て発足。
これまでに、数多くの Node-RED 関連の Meetup に加え 2019 年・2020 年には Node-RED カンファレンス Node-RED Con Tokyo を開催。

## 古城　篤（こじょう・あつし）

（株）ウフル Chief Research Officer。
2015年10月より Node-RED ユーザー会を発足。
開発したノードは数十に及び、Node-RED のドキュメントを和訳するなど、鋭意貢献中。

## 田中　正吾（たなか・せいご）

ワンフットシーバス個人事業主。
2004 年よりフリーランスで活動。
最近はフロントエンド制作を中心に、「IoT」や「Mixed Reality」にも関わる。
その中で、Node-RED をさまざまなアプローチで導入中。

## 萩野　泰士（はぎの・たいじ）

IBM Developer Advocate。
モバイル、IoT、Web を中心に、「IBM Cloud」の啓蒙に従事。
「Node-RED on IBM Cloud」のスペシャリストとして、Node-RED ユーザー会で活動中。

## 横井　一仁（よこい・かずひと）

日立製作所　OSS ソリューションセンタ
ソフトウェアエンジニア。
アイデアを素早く形にできる Node-RED を活用し、国内外の開発コンテストで受賞経験をもつ。
Node-RED のコントリビュータとしても活躍中。

## 大平　かづみ（おおひら・かづみ）

フリーランス。
Microsoft Azure を中心にアプリケーション開発に携わる。Infrastructure as Code や CI/CD などの自動化も担当。Node-RED と Azure の組合せに期待。

本書の内容に関するご質問は、

①返信用の切手を同封した手紙
②往復はがき
③ FAX (03) 5269-6031
（返信先の FAX 番号を明記してください）
④ E-mail　editors@kohgakusha.co.jp

のいずれかで、工学社編集部あてにお願いします。
なお、電話によるお問い合わせはご遠慮ください。

「サポート」ページは下記にあります。

【工学社サイト】http://www.kohgakusha.co.jp/

I/O BOOKS

**はじめての Node-RED ［ver1.3.0 対応版］**

2021 年 5 月 30 日　初版発行　©2021

| | |
|---|---|
| 著　者 | Node-RED ユーザーグループ ジャパン |
| 発行人 | 星　正明 |
| 発行所 | 株式会社 **工学社** |
| | 〒160-0004 東京都新宿区四谷4-28-20 2F |
| 電話 | (03) 5269-2041（代）［営業］ |
| | (03) 5269-6041（代）［編集］ |
| 振替口座 | 00150-6-22510 |

※定価はカバーに表示してあります。

［印刷］シナノ印刷（株）

ISBN978-4-7775-2150-0